Eberhard Urban

Dampfschiffe

Von den Anfängen
bis zu den Nostalgiedampfern heute

© KOMET Verlag GmbH, Köln

www.komet-verlag.de

Covermotiv: Turbinen-Schnelldampfer „Imperator", 1913

Rückseite: Dampfer „Hanseatic", 1929

beide Abbildungen nach Gemälden von Günther Todt

Bildauswahl und Text: Eberhard Urban

Gesamtherstellung:

KOMET Verlag GmbH, Köln

ISBN 978-3-89836-812-4

Inhaltsverzeichnis

Zu diesem Buch

Über Jahrtausende befuhren Boote und Schiffe mit Ruder-antrieb, dann unter Segeln die Flüsse, Seen und Meere. Oft wurden die beiden Antriebsarten kombiniert.

Durch die Erfindung der Dampfmaschine begann 1764 eine neue Epoche. Die Dampfmaschine revolutionierte die Arbeit, den Verkehr, die Kommunikation. Dampfmaschinen wurden in Fabriken, in Lokomotiven und Schiffen eingesetzt. Sie bewirkten eine immense Steigerung der Produktion und des Transports von Gütern und Menschen über große Entfernungen. Ein neues, das industrielle Zeitalter hatte begonnen. Die meisten Dampfschiffe konnten auf den Hilfsantrieb durch Segel noch nicht verzichten, auch bekämpft viele Segelschiffe den Dampf als zusätzlichen Antrieb.

Niemals verdrängten die Dampfer gänzlich die Segelschiffe. Der Dieselmotor, eine Erfindung ab 1893, fand im 20. Jahrhundert zunehmend Verwendung im Schiffbau.

Die letzten großen Dampfschiffe wurden nach dem Zweiten Weltkrieg außer Dienst gestellt. Wenige dieser legendären Ozeanriesen sind erhalten geblieben.

Immer noch sind historische Dampfer auf den großen Flüssen und Seen, einige auch in der Küstenfahrt unterwegs. An Bord erleben die Passagiere nostalgisches Fahrvergnügen. In den Museumshäfen sind noch Dampfschiffe zu sehen, die bei Veranstaltungen in Fahrt sind.

Die Geschichte der Dampfschifffahrt – von den Anfängen bis zu den Museums- und Traditionsschiffen – erzählt dieses Buch in Texten und alten Grafiken, historischen und heutigen Fotos, grafischen Rekonstruktionen und Meisterwerken der Marinemalerei.

„Windhuk" wurde 1937 für den Afrikadienst der Hamburger Woermann-Linie gebaut. Seit 1939 lag das Fracht- und Passagierschiff in Brasilien fest. 1942 an die US Navy verkauft, wurde es zum Truppentransporter „Lejeune" und gehörte dann bis 1966 zur Reserveflotte.

Die Anfänge der Dampfschifffahrt

Der griechische Arzt Philumenos erwähnt um 250 v. Chr. den Dampfkochtopf. Philon aus Byzanz erfand um 230 v. Chr. ein Dampfgebläse. Heron aus Alexandria baute um 110 n. Chr. Automaten; ein Teil dieser selbstbeweglichen, auch figurativen Geräte funktionierten mit Dampfdruck. Immer wieder gab es durch die Jahrhunderte Erfindungen wie Dampfgebläse und Püstriche. Das erste mit Dampfkraft angetriebene

„Borussia" war ein 1855 in Schottland gebauter Schraubendampfer. Mit ihm eröffnete die Hapag ihren Hamburg-Amerika-Dienst unter Dampf.

Schiff soll 1543 in Barcelona vorgeführt worden sein.

Ab 1618 gibt es verschiedene Patente für Dampfmaschinen. 1681 unterbreitete der Franzose Denis Papin, der einen modernen Dampfkochtopf erfunden hatte, den Vorschlag, Schiffe mit Dampf anzutreiben. 1690 konstruierte er eine Dampfmaschine. Sein mit einem Schaufelrad angetriebenes Dampfboot, mit dem er 1707 von Kassel die Fulda und dann die Weser abwärtsfuhr, wurde von Schiffern in Minden zerstört.

Die Versuche, Dampfschiffe zu bauen, waren vielfältig und oft nicht erfolgreich. Der Engländer Jonathan Hull ließ sich 1736 einen Schlepp-

dampfer patentieren. 1763 stellte der Amerikaner William Henry ein Dampfboot vor. In diesem Jahr baute der Russe Iwan Polsunow eine Dampfmaschine. 1764 schließlich überflügelte James Watt in England mit seiner funktionstüchtigen Dampfmaschine alle anderen Erfinder.

Die ersten Dampfer waren mit Schaufelrädern ausgestattet. Vorschläge und Versuche mit Schiffsschrauben oder Propellern folgten.

Für größere Entfernungen wurden Auxiliarschiffe gebaut, die den Dampfantrieb als Hilfsantrieb zur Besegelung benutzten. Auch Dampfer mit zusätzlichen Segeln waren für lange Jahre gebräuchlich.

Mit der „Charlotte Dundas" verließ die Dampfschifffahrt ihre Vorgeschichte.

Der Gouverneur des Forth and Clyde Canal in Schottland, Lord Dundas, gab dem Maschinenbaumeister William Symington und dem Bootskonstrukteur Alexander Hart den Auftrag zum Bau eines Schleppdampfers, der den Treidelbetrieb mit Pferden ersetzen sollte. Das 17 Meter lange Fahrzeug hatte eine Dampfmaschine mit einer Leistung von 10 PS. Das Schaufelrad am Heck bewegte sich zwischen den beiden Steuerrudern.

Im März 1802 war die Probefahrt. Der Schlepper hatte zwei Kähne mit 70 Tonnen Tragfähigkeit am Haken.

„Charlotte Dundas" war ab 1802 der erste Dampfer in regelmäßigem Betrieb.

Der Amerikaner Robert Fulton, der 1800 das U-Boot „Nautilus" gebaut hatte und mit Dampfbooten experimentierte, sah sich genau die „Charlotte Dundas" an, kaufte bei Boulton & Watt in Birmingham eine 20 PS starke Dampfmaschine und ließ von Charles Brown in New York den Seitenraddampfer „The Steam Boat" bauen. Das 46 Meter lange Schiff mit zwei Zusatzsegeln erhielt dann den Namen „Clermont".

Auf der 150 Seemeilen langen Strecke New York–Albany an der amerikanischen Ostküste versah die „Clermont" bis 1814 den Fracht- und Personendienst. Etwa 100 Passagiere fanden auf dem Dampfer Platz.

„Clermont" war ab 1807 der erste funktionstüchtige Seitenraddampfer der Welt.

„Comet" war der erste europäische Dampfer im Fahrgast- und Frachtdienst.

den Seitenschaufelrädern erreichte das Boot eine Geschwindigkeit von 9,2 Kilometern in der Stunde. Am Schornstein konnte ein Hilfssegel gesetzt werden.

Am 16. Januar 1812 eröffnete die „Comet" den Linienverkehr zwischen Glasgow und Bell's Hotel. Ab 5. August wurde ein regelmäßiger Fahrgast- und Frachtdienst auf dem Clyde zwischen Glasgow, Greenock und Helens-

Der Schotte Henry Bell war Schiffbaumeister und Besitzer eines Hotels mit Badeanstalt. 1811 ließ er in Glasgow ein Dampfboot von 12,2 Meter Länge bauen, ausgerüstet mit einer Dampfmaschine von 4 PS. Weil in diesem Jahr ein feuriger Komet über den Himmel gezogen war, erhielt das Boot mit seiner Feuermaschine den Namen „Comet". Mit

burgh durchgeführt. Ab 1816 fuhr die „Comet" auch auf die offene See hinaus. Im Dezember 1820 geriet der Dampfer in einen Sturm und wurde an die Küste geworfen. Aus dem Wrack wurde die Dampfmaschine geborgen.

Die „Comet" war in den acht Jahren, die sie in Fahrt gewesen war, zum Vorbild weiterer Dampfschiffe geworden.

Das neue 30,5 Meter lange Vollschiff wurde von der Savannah Steam Ship Co. gekauft und erhielt eine 90-PS-Dampfmaschine. Die „Savannah" lief am 22. Mai 1819 aus Savannah aus und kam am 20. Juni in Liverpool an. Die „Times" vermeldete: „Das erste Fahrzeug dieser Art, das jemals den Atlantik überquerte, wurde den ganzen Tag vor der Küste Irlands von H. M. Zollkreuzer ‚Kite' verfolgt, der es irrtümlich für ein brennendes Schiff hielt."

Die „Savannah" sollte verkauft werden, machte Station in Kopenhagen, Stockholm und St. Petersburg. 1820 wurde sie versteigert und die Maschine ausgebaut. 1821 strandete der Segler.

„Savannah" war 1819 das erste Schiff, das unter Dampf einen Ozean überquert hatte.

11

Robert Fulton, der erfolgreiche Konstrukteur von Dampfschiffen, ließ das erste Dampfkriegsschiff bauen. Die „Demologos" absolvierte ihre Probefahrt 1815. Aber noch waren die Militärs skeptisch.

Schließlich wurde 1829 die „Sphinx" in Dienst gestellt, der erste Seitenraddampfer der französischen Kriegsmarine. Diese Dampfkorvette mit einer Segelfläche von 747 Quadratmetern war 46,2 Meter lang und hatte eine englische Zweizylinder-Dampfmaschine mit 160 PS.

Der erfolgreiche Einsatz der „Sphinx" im Algerienkrieg führte 1830 dazu, sechs weitere Dampfschiffe ähnlicher Art zu bauen.

„Sphinx", eine französische Dampfkorvette, war 1829 ein Seekriegsschiff unter Dampf.

Als Fähr- und Postschiff für den Dienst zwischen London und Cork 1838 gebaut, war die 63,4 Meter lange und 320 PS starke „Sirius" das erste Dampfschiff, das ohne Zuhilfenahme seiner Besegelung den Atlantik überquerte – vom 4. bis zum 22. April 1838.

New York Herald: „In New York wird über nichts anderes als die ‚Sirius' geredet. Sie ist das erste Dampffahrzeug, das von England hier einlief, und sie ist ein wunderbares Schiff. Alle Kaufleute New Yorks gingen gestern zu Besuch an Bord ..."

Im selben Jahr machte die „Sirius" eine weitere Amerikafahrt, bevor sie ihren Fährdienst aufnahm. 1847 lief sie auf ein Riff und wurde zum Wrack.

„Sirius" gelang 1838 die erste Atlantiküberquerung mit Dampf ohne Einsatz der Segel.

13

Vier Stunden nach dem Eintreffen der „Sirius" machte die „Great Western" in New York fest. Die Jungfernfahrt von Bristol nach New York dauerte vom 8. bis zum 23. April 1838. Unterwegs wurden auch die elf Segel zu Hilfe genommen. Das 72 Meter lange Dampfschiff wurde für den Atlantikdienst gebaut, die Dampfmaschine erbrachte eine Leistung von 450 PS. Mit der Besatzung von 60 Mannschaften und Offizieren konnten bis zu 300 Personen befördert werden.

Der Konstrukteur der „Great Western" war Isambard Kingdom Brunel, der die Great Western Railway nach Bristol gebaut hatte. So wurde die schnellste Verbindung London–New York geschaffen – mit dem Dampfzug nach Bristol, mit dem Dampfschiff weiter nach New York.

Bis 1846 unternahm die „Great Western" 64 Atlantiküberquerungen. Dann wurde sie an die Royal Steam Packet Co. verkauft und war zwischen Southampton und Westindien unterwegs. 1857 wurde die „Great Western" abgewrackt.

„Great Western", Baujahr 1838, war der erste reguläre Transatlantikdampfer.

Die neue Reichsflotte, die Marine des Deutschen Bundes, die 1848 zusammengestellt und 1852 aufgelöst wurde, bestand aus drei Segelschiffen und neun Raddampfern, zu denen die Dampfkorvette „Hamburg" gehörte.

Das 1841 gebaute Schiff, 53,3 Meter lang und 700 PS stark, war zuvor im Englanddienst der Hanseatischen Dampfschiffahrts-Gesellschaft eingesetzt. Mit seinen vier Kanonen war der Dampfer am einzigen Gefecht der Reichsflotte beteiligt – gegen ein dänisches Geschwader am 4. Juni 1849 vor Helgoland.

1852 wurde die „Hamburg" nach England verkauft und war als „Denmark" in Fahrt.

„Hamburg" war von 1848 bis 1852 unter der Flagge Schwarz-Rot-Gold in Dienst.

15

Die Yacht „Victoria and Albert" war ab 1843 die erste dampfgetriebene Yacht der Queen Victoria und des Prinzgemahls Albert. Sir William Symonds hatte den 60,9 Meter langen eleganten Schraubendampfer entworfen, dessen Dampfmaschine eine Leistung von 430 PS erbrachte. Das königliche Paar unternahm mit der Yacht auch Reisen zum europäischen Kontinent.

1854 wurde „Victoria and Albert" in „Osborne" nach dem königlichen Sitz auf der Isle of Wight umbenannt und war bis 1867 in Fahrt. 1855 wurde eine neue Dampfyacht mit dem Namen „Victoria and Albert" in Dienst gestellt.

„Victoria and Albert" war 1843 die erste Dampfyacht der britischen Royals.

Prinz Adalbert von Preußen hatte für die Preußische Flotte einen Aviso, ein schnelles Aufklärungs- und Depeschenschiff, aus Eisen mit Segel- und Dampfantrieb über Seitenräder entworfen. Diese 53,85 Meter lange und 160 PS starke „Salamander" wurde 1850 in London gebaut. Doch sie erwies sich nicht so flink wie erwartet und war schwer unter Segeln zu manövrieren. Nach dem Tausch gegen die Fregatte „Thetis" wurde der Aviso als „Recruit" von den Briten im Krimkrieg von 1854 bis 1856 eingesetzt, verblieb dann im Mittelmeer und wurde 1869 verkauft.

Die 1855 eingetauschte „Thetis" war bis 1895 in Dienst.

„Salamander", Baujahr 1850, diente nur bis 1854 als Aviso in der Preußischen Flotte.

Die Korvette war seit dem 17. Jahrhundert ein dreimastiges kleines Kriegsschiff. Seit etwa 1840 wurde der Begriff auch auf dampfgetriebene Geleitfahrzeuge und leichte Kreuzer angewendet.

Die „Medusa" war das erste niederländische Kriegsschiff mit zusätzlichem Dampfantrieb. Sie wurde 1854 in Amsterdam gebaut, war 51,5 Meter lang und als Vollschiff – also mit Rahsegeln an allen Masten – getakelt.

Die Königlich Niederländische Seemacht, die sich im 19. Jahrhundert aus den europäischen Krisen und Kriegen fernhielt, setzte die Dampfkorvette vor allem zur Sicherung der Kolonien in Fernost ein, die mit ihren Schätzen zum Reichtum der Niederlande wesentlich beitrugen. Die „Medusa" war auch im September 1864 an der Aktion gegen Japan im Einsatz. Einige Shogune hatten gegen die Verträge mit den ausländischen Mächten rebelliert, mussten aber der Übermacht weichen.

„Medusa", Baujahr 1854, war das erste niederländische Kriegsschiff mit Dampfantrieb.

18

1857 wurde in Bremen der Norddeutsche Lloyd gegründet. Vier Dampfer, in Großbritannien gebaut, nahmen 1858 den Transatlantikdienst auf – „Bremen", „New York", „Hudson", „Weser". Sie beförderten Post und bis zu 400 Passagiere. Die Abfahrten erfolgten in Bremerhaven.

Der erste Lloyd-Dampfer, die erste „Bremen" der Reederei, war 101,46 Meter lang, die Maschine erbrachte eine Leistung von 1310 PS.

Die Jungfernreise der „Bremen", mit feinem Geschmack und besten Bequemlichkeiten ausgestattet, begann am 19. Juni 1858. 1874 wurde der Dampfer nach Liverpool verkauft und zum reinen Segelschiff umgebaut. 1882 strandete das Schiff vor South Farralone, Kalifornien.

„Bremen", Baujahr 1858, war der erste Lloyd-Dampfer. Weitere Schiffe dieses Namens folgten.

„Arcona" war 1859 das erste große moderne Kriegsschiff der preußischen Flotte

gebaut. Die 71,95 Meter lange Dampfkorvette war als Vollschiff getakelt und mit einer Maschine von 1365 PS ausgestattet. Die Bewaffnung des Schiffs bestand aus sechs 68- und 20 36-Pfündern.

Die „Arcona" versegelte 1860 nach Rio de Janeiro, anschließend nach Japan und China. 1864 war „Arcona" an Gefechten zwischen preußischen und dänischen Geschwadern beteiligt. 1869 nahm die Dampfkorvette an der Eröffnung des Suezkanals teil. Während des Krieges gegen Frankreich 1870/71 entging sie Kampfhandlungen. 1873 ging sie als Schulschiff auf Weltreise. 1884 wurde „Arcona" aus der Liste der Kriegsschiffe gestrichen, diente noch bei Schießübungen als Zielschiff und wurde schließlich abgewrackt.

Nach der Auflösung der Reichsflotte hatten nur noch die deutschen Staaten Preußen und Österreich Kriegsschiffe. Preußen wollte mit einem ehrgeizigen Flottenprogramm Seemacht werden. Als erstes großes Kriegsschiff wurde 1859 die „Arcona" auf der Königlichen Werft in Danzig

Im Krimkrieg hatte die französische Marine gepanzerte schwimmende Batterien mit Dampfantrieb gegen russische Festungen eingesetzt. Aus diesen Erfahrungen schuf Schiffbaumeister Dupuy de Lôme 1859 für die französische Marine „La Gloire", das erste Panzerschiff der Geschichte. Es entstand in Kompositbauweise; Kiel und Spanten waren aus Eisen und wurden mit Holz beplankt. Zum Schutz gegen Geschosse wurde der Rumpf der 78 Meter langen Fregatte mit Eisenplatten versehen. Zusätzlich zu ihrem Dampfantrieb mit 900 PS trug „La Gloire" die Betakelung einer Bark.

Bewaffnet war das Panzerschiff mit 36 Geschützen Kaliber 16,4 cm.

„La Gloire", die französische Dampffregatte von 1859, war das erste Panzerschiff der Welt.

Nach Probefahrten 1860 wurde das 43,28 Meter lange Dampfkanonenboot „Delphin" erst während des Krieges gegen Dänemark 1864 endgültig in Dienst gestellt. Das Boot unternahm Reisen ins Mittelmeer und ins Schwarzmeer, von hier die Donau aufwärts, und war bei der Eröffnung des Suezkanals 1869 dabei.

Nach weiteren Auslandseinsätzen, bei denen „Delphin" die preußische Flagge zeigte, wurde sie zum Vermessungsschiff umgebaut und war ab 1874 in der Ost- und Nordsee in Dienst, auch zum Schutz deutscher Fischer.

1881 wurde sie außer Dienst gestellt und abgewrackt.

„Delphin", Baujahr 1860, war zuerst ein Kanonenboot, dann ein Vermessungsschiff.

Der geniale Ingenieur Isambard Kingdom Brunel, der schon die Dampfschiffe „Great Western", 1838, und „Great Britain", 1844, konstruiert hatte, schuf ab 1854 zusammen mit John Scott Russell das größte Handelsschiff des 19. Jahrhunderts. Die „Great Eastern" war kommerziell ein Desaster, aber für den Schiffbau zukunftsweisend.

Der Antrieb des 210,9 Meter langen Schiffs erfolgte durch zwei Seitenräder mit einem Durchmesser von je 17,1 Metern und einen Propeller mit einem Durchmesser von 7,2 Metern. Die Leistung betrug 3410 PS und 4890 PS. Zusätzlich trug das Schiff an seinen sechs Masten Segel mit einer Gesamtfläche von 5300 Quadratmetern.

Mit der „Great Eastern" konnten 4000 Auswanderer oder 10 000 Soldaten oder 6000 Tonnen Fracht befördert werden. Aber auf ihren Fahrten war sie nie ausgelastet, auch fehlten für ein Schiff dieser Größe Liegemöglichkeiten und Reparatureinrichtungen. Die Great Eastern Steam Ship Co. ging in Konkurs.

Nach Umbauten wurde die „Great Eastern" von 1865 bis 1873 als Kabelleger verwendet.

„Great Eastern", 1860 in Dienst gestellt, war das größte Handelsschiff des 19. Jahrhunderts.

Als sich im amerikanischen Sezessions- oder Bürgerkrieg die Unionstruppen 1861 aus Norfolk zurückzogen, versenkten sie auch die 1855 gebaute Dampffregatte „Merrimac". Die Konföderierten aber hoben das Schiff, panzerten es und versahen es mit einer Kasematte, in der sie je eine Kanone vorn und achtern sowie je vier Kanonen an den Seiten installierten. Das etwa 70 Meter lange Panzerschiff, das jetzt „Virginia" hieß, lieferte sich mit dem Nordstaaten-Panzerschiff „Monitor" das erste Panzerschiff-Gefecht der Geschichte, bei dem „Virginia" beschädigt wurde. Bei der Rückeroberung Norfolks versenkte sie sich selbst.

„Virginia", das Panzerschiff der amerikanischen Südstaaten, entstand 1861 durch Umbau.

„Monitor", das Panzerschiff der amerikanischen Nordstaaten, wurde 1862 gebaut.

Das erste Panzerschiff mit drehbarem Geschützturm wurde nach den Plänen des schwedischen Ingenieurs Johan Ericsson für die amerikanischen Nordstaaten 1862 in Brooklyn gebaut. Die „Monitor" war 52,4 Meter lang, ihre Dampfmaschine leistete 320 PS.

Am 9. März 1862 kam es zur Begegnung von „Monitor" mit dem Südstaaten-Panzerschiff „Virginia". Diese wurde beim Gefecht beschädigt, zog sich nach Norfolk zurück und versenkte sich selbst, als die Stadt von der Union zurückerobert wurde. Als die „Monitor" nach North Carolina geschleppt wurde, drang bei einem Sturm Wasser ins Schiff. Am 31. Dezember 1862 sank das Panzerschiff, nach dessen Beispiel Monitore, schwimmende Batterien, in aller Welt zum Einsatz kamen.

Dampfschiffe auf dem Vormarsch

Seit dem ersten funktionstüchtigen Dampfschiff, dem kleinen Schlepper „Charlotte Dundas" von 1802, hatte sich die Welt grundlegend geändert. Die Dampfkraft hatte eine industrielle Revolution bewirkt, in deren Gefolge auch politische Umwälzungen stattfanden. In immer größeren Fabriken wurden massenhaft Güter produziert, die mit Dampfzügen und Dampfschiffen über die Kontinente und Meere transportiert wurden. Millionen Auswanderer verließen das alte Europa und suchten in Übersee eine neue Heimat.

„Luise Horn", ein um 1900 gebauter Frachtdampfer.

Mit den Dampfschiffen änderte sich die Seekriegsführung. Die Kriegsschiffe wurden größer, ihre Bewaffnung nahm an Zerstörungskraft zu. Truppen in großer Zahl wurden über die Meere transportiert. So wurden die Kolonien in Abhängigkeit gehalten, neue Kolonien erobert, Besitzungen anderer Länder bedroht. Im Kampf um Rohstoffe und Absatzmärke wuchs die Gefahr eines Weltkrieges.

Die Fortschritte im Dampferbau vermochten nicht, die Segelschiffe zu verdrängen, die in der Küstenfahrt, in der Fischerei, im Transport von Weizen, Wolle, Tee und Salpeter über die Ozeane unverzichtbar blieben. In der hohen Zeit der Dampfschiffe erlebten

die Großsegler, die berühmten Windjammer, ihren Triumph.

Neben dem Wettbewerb, in dem die Dampfer gegen die Segler fuhren, gab es den Konkurrenzkampf der Reedereien. Daraus entstand der Wettstreit um die schnellste Atlantiküberquerung. Das „Blaue Band" für die Rekordfahrten war eine imaginäre Trophäe, die deswegen nicht weniger begehrt war. Die Herkunft des Begriffs „Blue Riband of the Atlantic" ist ungewiss, er soll erstmals 1840 bei der Fahrt des Cunard-Dampfers „Britannia" aus dem Nebel der Erinnerung aufgetaucht sein. Fast 100 Jahre später wurde ein pompöser Pokal gestiftet, mit einem blauen Band verziert.

Die Niederlande waren eine traditionsreiche Seemacht, wegen des ausgedehnten Kolonialbesitzes eine Weltmacht. Eine große und starke Flotte war unverzichtbar.

1866 wurde das in Schottland gebaute Turmpanzerschiff „Prins Hendrik der Nederlanden" in Dienst gestellt. Das 78,2 Meter lange Schiff hatte eine Maschinenleistung von 400 PS und war mit 22 Geschützen unterschiedlicher Kaliber bestückt. Das Panzerschiff wurde zur Küstenverteidigung und zur Sicherung der indonesischen Besitzungen eingesetzt.

„Prins Hendrik der Nederlanden", Baujahr 1866, war ein Turmpanzerschiff.

„König Wilhelm" war 1869 das größte Panzerschiff seiner Zeit.

Das zur Seemacht aufstrebende Preußen kaufte das im britischen Blackwell in Bau befindliche größte Panzerschiff seiner Zeit. Die Türkei hatte die Panzerfregatte „Fatikh" bestellt und den Auftrag gekündigt. Die Endausrüstung des nun „König Wilhelm" genannten Schiffs erfolgte 1869 in Kiel. Nach drei größeren Umbauten wurde 1899 schließlich aus der 112,2 Meter langen, an drei Masten rahgetakelten Fregatte mit 8345 PS ein Großer Kreuzer ohne zusätzliche Besegelung.

Ab 1904 war „König Wilhelm" ein stationäres Schulschiff. 1921 wurde der Große Kreuzer, der nie in Gefechte verwickelt gewesen war, abgewrackt.

Der erste Schaufelraddampfer auf dem Mississippi war die „New Orleans", die Robert Fulton 1811 gebaut hatte. Die Dampfer auf den großen Flüssen halfen, den Wilden Westen zu erschließen. Ein mit etwa 30 Meter Länge kleiner Mississippidampfer war die „River Queen", die in der Zeit nach dem Bürgerkrieg gebaut wurde.

Die Flussdampfer beförderten Passagiere und Frachten. Für den Transport von Waren wie der Baumwolle waren die Flussdampfer noch zu Anfang des 20. Jahrhunderts unverzichtbar, trotz der Eisenbahnen, die den Dampfern zunehmend Konkurrenz machten. Viele Schiffe dienten auch als Vergnügungs- und Kasinodampfer.

„River Queen", ein kleiner Mississippi-Heckraddampfer aus der Zeit um 1870.

Die „Natchez", ein 93,6 Meter langer Mississippidampfer mit Seitenrädern, 1869 in Cincinnati für die Vicksburg Natchez and New Orleans Mail Line gebaut, trug ihren Namen zu Ehren eines Indianervolks. 1870 legte die „Natchez" die 1672 Kilometer von New Orleans bis St. Louis mit einer Geschwindigkeit von 11,2 Knoten zurück. Beim Rennen gegen ihre Rivalin „Robt. E. Lee" auf derselben Strecke im selben Jahr verlor sie allerdings.

Mark Twain, der als Lotse auf einem Mississippidampfer Dienst getan hat, berichtet in „Leben auf dem Mississippi" auch von den Rennfahrten der Dampfer und den erzielten Rekorden.

„Natchez", Baujahr 1869, war einer der großen legendären Mississippidampfer.

Edward Reed, Chefkonstrukteur der britischen Admiralität, schuf mit der „Devastation" einen neuen, richtungweisenden Schiffstyp. Er verzichtete auf die zusätzliche Besegelung, während die Aufbauten und die gepanzerte Brustwehr nur knapp über die Wasserlinie ragten. Deswegen wurde dieses 6650 PS starke Panzerschiff auch Brustwehr-Monitor genannt. Die vier schweren Geschütze waren in zwei Türmen installiert. Das 93,6 Meter lange Schiff, schon 1869 auf Kiel gelegt, erfuhr wärend seiner langen Bauzeit bis 1873 immer wieder Änderungen und Verbesserungen. Mit der „Devastation" begann das Ende der Segelpanzerschiffe.

„Devastation" war ein neuartiges Panzerschiff der Royal Navy von 1873.

*„Deutschland",
Baujahr 1875,
war eine Panzer-
fregatte, die zum
Großen Kreuzer
umgebaut wurde.*

Die deutsche Kaiserliche Marine bestellte 1871 in England eine Panzerfregatte mit Besegelung. In Wilhelmshaven erfolgte 1875 die Endausrüstung für die mächtige, 89,34 Meter lange „Deutschland". Bei einem Umbau wurde die Takelage entfernt. Nun als Großer Kreuzer in Dienst, begleitete das Panzerschiff den Kaiser Wilhelm II. auf seiner Yacht „Meteor" auf mehreren Fahrten und diente ab 1897 dem Prinzen Heinrich als Flaggschiff seines Ostasiengeschwaders. 1904 wurde es zum Hafenschiff „Jupiter" deklassiert, 1910 in Hamburg abgewrackt.

Als Vollschiff getakelt und mit einer zusätzlichen Dampfmaschine ausgestattet, wurde die 82 Meter lange „Moltke" 1878 als gedeckte Korvette, als Schiff III. Rangs, auf der Kaiserlichen Werft in Danzig gebaut, mit zwölf Kanonen bestückt und bei der deutschen Kaiserlichen Marine in Dienst gestellt. Zunächst in Südamerika stationiert, beteiligte sich das Schiff an den Forschungsfahrten im Polarjahr 1882/83.

Zur Kreuzerfregatte 1884 umgebaut, wurde die „Moltke" 1891 zum Schulschiff und kreuzte von der Ostsee bis in die Karibik. 1910 erfolgte die Streichung aus der Liste der Kriegsschiffe, zehn Jahre später wurde „Moltke" abgewrackt.

„Moltke", ab 1878 eine deutsche Korvette, ab 1884 eine Kreuzerfregatte.

Der erste deutsche Schnelldampfer, 1881 in Schottland gebaut, war die 127,46 Meter lange „Elbe" der Flüsse-Klasse des Norddeutschen Lloyd. Mit einer Maschinenleistung von 5200 PS trug der Dampfer anfangs noch eine Barktakelung.

Die Jungfernreise führte von Bremerhaven nach New York, das in achteinhalb Tagen erreicht wurde.

Der Passagier- und Paketpostdampfer hatte zehn Schwesterschiffe, die im Lloyd-Dienst fuhren, wovon die „Havel" am längsten in Fahrt war, zuletzt als spanischer Dampfer „Alfonso XII", der 1926 abgewrackt wurde.

Am 30. Januar 1895, nach einer Kollision mit dem britischen Dampfer „Crathie" in der Nordsee, sank die „Elbe", wobei 332 Tote zu beklagen waren.

„Elbe" war ab 1881, zuerst mit Zusatzbesegelung, der erste deutsche Schnelldampfer.

„Chicago" war ein 1883 gebauter amerikanischer Dampfkreuzer.

In der Zeit, in der die USA als Kontinentalmacht zur Weltmacht wurden, wurde eine moderne Flotte mit großer Reichweite aufgebaut, die im Atlantik und Pazifik operieren konnte. Eines der Schiffe der US Navy in dieser Zeit war die „Chicago". Der 1883 gebaute, 102 Meter lange Dampfkreuzer war als Bark getakelt; zu der Segelfläche von 4535 Quadratmetern kamen zwei Verbunddampfmaschinen mit 5000 PS als Antrieb. Bei einer maximalen Geschwindigkeit von 15 Knoten hatte das Schiff eine Reichweite von 3000 Meilen, bei 10 oder 11 Knoten eine Reichweite von 6000 Meilen. Zur Besatzung zählten 300 Mann, zur Bewaffnung 14 Geschütze.

Die größte und schnellste amerikanische Yacht ihrer Zeit war die 1884 bei Messrs. Cramp in Philadelphia gebaute „Atalanta". Viel Mahagoni wurde beim Bau des eleganten Schiffs verwendet. Zusätzlich zu ihrer 1000-PS-Dampfmaschine war die Yacht mit einer Schonertakelung versehen.

Die Besatzung bestand aus dem Kapitän, 42 Mann, einem Steward, drei Köchen und sechs Kabinendienern. Beim großen Rennen der Dampfyachten des Amerikani-

„Atalanta", Baujahr 1884, war die erfolgreichste Dampfyacht ihrer Zeit.

schen Yacht Clubs, das am 10. August 1884 über eine Strecke von 90 Meilen veranstaltet wurde, siegte mit großem Vorsprung vor allen Konkurrentinnen die schöne und schnelle „Atalanta". Sie kam nach vier Stunden und 45 dreiviertel Minuten ins Ziel.

Um den Liniendienst zwischen Antwerpen und New York und Philadelphia über den Atlantik hinweg erfolgreich durchzuführen, ließ die American-Belgian Red Star Line in Antwerpen, die drei Schiffe bereederte, die „Noordland" und die „Westernland" als ihre ersten stählernen Dampfschiffe erbauen. Mit der „Westernland" warb Red Star auch in Deutschland für die Atlantikfahrten, in der Friedrichstraße in Berlin gab es eine Agentur.

Die „Westernland" war 1883 bei Laird Bros. in Birkenhead gebaut worden. Sie war 134,1 Meter lang, ihre Dampfmaschine erbrachte eine Leistung von 7000 PS. Zusätzlich war der Dampfer als Viermast-Schonerbark getakelt. Die Takelung wurde später entfernt. 1901 wurde der Dampfer renoviert und an die American Line verchartert, für die er im Liniendienst Liverpool–Philadelphia unterwegs war. 1912 wurde „Westernland" außer Dienst gestellt und abgebrochen.

Zu dieser Zeit hatte Red Star bereits zwei neue Dampfer in Fahrt, die 1910 gebauten „Vaderland" und „Zeeland".

„Westernland" war ein 1883 gebauter belgischer Atlantikdampfer.

„Etruria", ein Cunard-Dampfer von 1884, errang zweimal das Blaue Band.

19,36 Knoten. 1902, nach ihrer Glanzzeit, verlor die „Etruria" auf dem Atlantik ihren Propeller. 1908 wurde sie verschrottet.

Das Blaue Band war eine Auszeichnung für die schnellste Atlantiküberquerung – entweder auf der West- oder Ostroute. Seit 1935 ist die Strecke festgelegt zwischen Bishops Rock westlich von Cherbourg und Ambrose Feuerschiff vor New York.

Die „Etruria" war der letzte Schnelldampfer der Cunard Steam Ship Co., der mit nur einem Propeller ausgestattet war. Das 1884 gebaute, 152,85 Meter lange Schiff hatte eine Maschinenleistung von 7000 PS. Auf der zweiten Reise 1885 holte sich die „Etruria" mit einer Durchschnittsgeschwindigkeit von 18,37 Knoten die Trophäe des Blauen Bands. 1888 wiederholte sich der Triumph mit

Die Überlieferung, die allerdings nicht zu belegen ist, besagt, dass britische Reeder einen blauen Wimpel für die schnellste Atlantiküberquerung gestiftet hätten. Es war wohl eher eine symbolische Auszeichnung, die seit den 80er-Jahren des 19. Jahrhunderts gebräuchlich wurde. Seit 1935 gibt es den Pokal „North Atlantic Blue Riband Challenge Trophy".

„Teutonic", ein Dampfer der White Star von 1889, holte zwei Jahre später das Blaue Band.

Immer weniger Dampfschiffe trugen eine zusätzliche Besegelung. Mit einer Dreifachexpansions-Dampfmaschine und zwei Propellern war die 1889 in Belfast gebaute, 172,45 Meter lange „Teutonic" – wie auch ihre Schwester „Majestic" – ausgerüstet. Die Schnelldampfer waren Passagierschiffe der White Star Line, Liverpool.

Mit 20,1 Knoten holte die „Majestic" im August 1891 das Blaue Band, das sie noch im selben Monat an ihre Schwester weitergeben musste, die 20,35 Knoten erreichte.

Ab 1914 diente „Teutonic" als Truppentransporter und Hilfskreuzer in der Royal Navy, 1921 wurde das einst so schöne Schiff verschrottet.

Die „City of Paris" und ihre Schwester „City of New York" waren die ersten Zwei-schrauben-Schnelldampfer im Nordatlantik-Liniendienst und „... das Beste, was bis-lang geschwommen ist".

Die „City of Paris" wurde 1889 bei Thompson in Clyde-bank für die Inman Line in Liverpool gebaut. Das 170,6 Meter lange Schiff mit 18 500 PS errang 1889 und 1892 das Blaue Band. Schon 1875 hatte die „City of Ber-lin" der Inman Line die be-gehrte Trophäe errungen.

1893 musste die Reederei, die nicht mehr dem finanziel-len Druck der Konkurrenz standhalten konnte, ihre Schiffe an die American Line in New York verkaufen.

„City of Paris", ein 1889 gebauter Schnelldampfer, errang zweimal das Blaue Band.

Ursprünglich wurden die „Maine" und ihre Schwester „Texas" als Kreuzer bezeichnet. Die Takelung wurde noch während des Baus 1890 zugunsten der zwei Gefechtsmasten aufgegeben. Mit zehn Geschützen und vier Torpedorohren waren die 97,3 Meter langen, 9000 PS starken Kriegsschiffe der US Navy Linienschiffe 1. Ranges.

Um die Ansprüche der USA auf das spanische Kuba zu demonstrieren, weilte die „Maine" 1898 in Havanna, wo sie im Hafen explodierte. Der Grund ist unbekannt und lieferte Anlass zu manchen Spekulationen und Vermutungen. Die USA erklärten Spanien den Krieg, nach dem Spanien Kuba an die USA abtreten musste.

„Maine", US-Kriegsschiff Baujahr 1890, lieferte 1898 den Kriegsgrund gegen Spanien.

„Royal Sovereign" war 1891 ein Barbetteschiff der Royal Navy.

Mit dem Naval Defence Act von 1889 wurde festgelegt, dass die britische Flotte so stark wie zwei andere Flotten sein sollte. Der Flottenbau wurde vorangetrieben. Das Typschiff einer neuen Klasse wurde 1891 die gepanzerte, 115,8 Meter lange und 11 500 PS starke „Royal Sovereign", die bestückt war mit 14 Geschützen und sieben Torpedorohren. Als Weiterentwicklung der Panzer-, Batterie- und Kasemattschiffe entstanden die Barbetteschiffe. Eine Barbette ist ein offener, nach den Seiten geschützter Geschützstand. Auf den Barbetteschiffen sind die Barbetten Drehtürme. Der Typ „Royal Sovereign" war gültig, bis mit der „Dreadnought" (Seite 74) eine neue Epoche begann.

Die Orient-Royal Mail Line, London, ließ bei Robert Napier, Glasgow, 1891 einen 141,7 Meter langen Dampfer bauen. Die luxuriöse „Ophir" wurde als die „Königin des Indischen Ozeans" gerühmt. Im Dienst zwischen London und Australien lief sie Suez, Colombo zum Bunkern von Kohle, Melbourne und Sidney an.

1915 wurde die schöne und stolze Königin zum Hilfskreuzer, 1918 zum Lazarettschiff der Royal Navy. 1919 lag sie mit anderen Schiffen, die nicht mehr gebraucht wurden, im Clyde. 1922 wurde sie schließlich aus dem Schiffsregister gestrichen.

Geblieben ist die Erinnerung an ein schönes und elegantes Schiff.

„Ophir" war von 1891 bis zum Ersten Weltkrieg die „Königin des Indischen Ozeans".

Für den Liniendienst Liverpool–New York stellte Cunard 1892 mit der „Campania" und 1893 mit ihrer etwas größeren Schwester „Lucania", die dreimal das Blaue Band errang, die ersten Neubauten seit acht Jahren in Dienst.

Auf der Rückreise von der Jungfernfahrt holte die „Campania" 1893 das Blaue Band, im Jahr darauf auch in der Westfahrt. 1914 sollte das Schiff abgebrochen werden, aber die Royal Navy kaufte es und baute den 189,6 Meter langen und 28 000 PS starken Schnelldampfer zum Flugzeugträger um. 1918 kollidierte dieser mit dem Schlachtschiff „Revenge" und sank.

„Campania", ein Cunard-Schnelldampfer von 1892, war Trägerin des Blauen Bandes.

Als Küstenpanzerschiff zur Küstenverteidigung 1892 bei der A. G. Weser in Bremen gebaut, war die „Beowulf" wie ihre fünf Schwesterschiffe ein Panzerschiff IV. Klasse, dabei ungeeignet für schweres Wetter oder einen größeren Aktionsradius. 1902 wurden die Schiffe in Danzig umgebaut, erhielten einen größeren Kohlenbunker und einen zweiten Schornstein, ihre Länge vergrößerte sich von 76,7 auf 86,13 Meter.

Die „Beowulf" wurde wie ihre Schwestern der Siegfried-Klasse 1915 Vorpostenschiff in der Nordsee. Sie wurde 1916 Zielschiff für U-Boote, 1918 Eisbrecher in der Ostsee, 1921 abgewrackt.

„Beowulf", ein Küsten-panzerschiff der Kaiser-lichen Marine von 1892.

„Hohenzollern", Baujahr 1893, war die zweite Kaiseryacht dieses Namens.

tin abgeliefert worden war. Die neue Kaiseryacht hatte eine Länge von 122 Metern. Ursprünglich war vorgesehen, an den drei Masten eine Schonertakelung anzubringen. Das war für den pensionierten Admiral von Knorr Anlass, das Schiff als „einen in das Wasser gefallenen Omnibus" zu kritisieren.

Mit der „Hohenzollern" (II) ging Kaiser Wilhelm II. auf Auslandsreisen – gern unternahm er Fjordreisen in Norwegen – und Flottenbesuche. 1914, bei Beginn des Ersten Weltkriegs, wurde die Yacht außer Dienst gestellt. 1920 aus der Liste der Kriegsschiffe gestrichen, wurde sie 1923 verschrottet.

Die dritte „Hohenzollern" wurde 1914 begonnen, wegen des Kriegs nicht vollendet, 1923 abgewrackt.

Als Ersatz für den wenig repräsentativen Aviso „Grille", 1857 in Le Havre gebaut, der ab 1862 als Königliche, dann Kaiserliche Yacht diente, wurde 1880 die erste „Hohenzollern" als deutsche Kaiseryacht in Dienst gestellt. Ab 1893 wurde das Schiff als Aviso „Kaiseradler" genutzt, nach dem die neue „Hohenzollern" von der A. G. Vulcan in Stet-

„Oregon", Schlachtschiff der US Navy von 1893, gehörte zur Pazifik-flotte.

setts". Gepanzert und schwer bewaffnet dienten sie vor allem der Küsten-verteidigung und operierten vor feindlichen Küsten. 16 Geschütze und sechs Torpedorohre sorgten für die Kampfkraft.

Im Krieg gegen Spanien 1898 gehörte „Oregon" zunächst zur Flotte, die gegen die Spanier auf Kuba eingesetzt wurde, unternahm dann die sensationelle Fahrt um Südamerika herum und stieß zur Pazifikflotte, die das Gebiet der Philippinen unter die Macht der USA brachte. Diese Fahrt

Das Schlachtschiff „Oregon", 107 Meter lang und 9700 PS stark, war 1893 das Typschiff der Oregon-Klasse, der ersten Großkampfschiffe der US Navy seit etwa 30 Jahren. Die Schwesterschiffe waren „Indiana" und „Massachu-

führte auch zum verstärkten Engagement der USA beim Bau des Panamakanals.

1942 war das 50 Jahre alte Schlachtschiff noch als Munitionsschiff bei Guam in Dienst.

Die russische Flotte vor der Wende zum 20. Jahrhundert galt mit ihren 17 Schlachtschiffen als modern und schlagkräftig, auch wenn sie nur ein Viertel der Stärke der Royal Navy aufwies.

1894 war „Sissoi Veliky" als Schlachtschiff 1. Klasse in Dienst gestellt worden. Etwa 100 Meter lang und mit unge-fähr 10 000 PS ausgestattet, gepanzert und mit 26 Geschützen, zwei Maschinengewehren und sechs Torpedorohren bestückt, war das Schlachtschiff mit seinen 825 Mann von beträchtlicher Kampfkraft.

In der Schlacht bei Tsuschima wurde das Schlachtschiff 1905 von den Japanern versenkt.

„Sissoi Veliky" war 1894 eines der Schlachtschiffe der modernen russischen Flotte.

Als einer der neun Hapag-P-Dampfer, die zwischen 1894 und 1899 in Dienst gestellt wurden, war die bei Blohm & Voss in Hamburg gebaute „Phoenicia" auch ein Fracht- und Fahrgastschiff. Sie war 140,56 Meter lang, ihre zwei Dampfmaschinen leisteten 4000 PS.

Der Dampfer war im Atlantikdienst eingesetzt, verkehrte zwischen Hamburg, auch von Genua aus, und New York. Beim Brand des Dampfers „Saale" in Hoboken rettete „Phoenicia" viele der über Bord gesprungenen Menschen. Am 23. Januar 1904 schickte die Hapag die „Phoenicia" als Hilfsschiff nach Aalesund, wo nach einem Großbrand 13 000 Menschen zu versorgen waren.

1905 übernahm die russische Regierung das Schiff, das als „Kronstadt" in die Marine eingegliedert wurde. 1917 erbeuteten die Deutschen im Krieg das Schiff und nannten es „Fleiß". Im Bürgerkrieg wurde es an die konterrevolutionären Weißgardisten übergeben, die es wieder „Kronstadt" nannten. 1920 wurde das Schiff in Bizerta interniert und von der französischen Marine als „Vulcain" übernommen.

1937 erfolgte die Verschrottung des ehemaligen Hapag-Dampfers.

„Phoenicia", Baujahr 1894, war ein Hapag-Dampfer mit wechselvoller Geschichte.

„Destero", Baujahr 1895, war ursprünglich ein Dampfer der Hamburg-Süd.

Die Hamburg-Südamerikanische Dampfschifffahrts-Gesellschaft – kurz Hamburg-Süd – ließ 1895 bei Blohm & Voss die „Destero" für die Brasilienfahrt bauen. Der 91,67 Meter lange und 1150 PS starke Dampfer war ein Fracht- und Fahrgastschiff. Zehn Passagiere der ersten Klasse und 228 im Zwischendeck konnten befördert werden.

Von 1911 bis 1913 fuhr die „Destero" unter argentinischer Flagge. 1917 gehörte sie als „Uhlenhorst" der Reederei Bolten. 1919, nach dem Krieg, beschlagnahmt, gelangte der Dampfer nach London, 1921 als „Fricka" nach Stettin, 1931 als „Selonjia" nach Riga. Auf einer Fahrt in der Biscaya sank das Schiff 1932 und ging verloren.

„Brooklyn", ein ameri-kanischer Panzerkreu-zer von 1896, war vor Kuba und im Pazifik in Dienst.

Der Panzerkreuzer „Brooklyn", Baujahr 1896, war 122,7 Meter lang und 18 769 PS stark. In vier Doppeltürmen waren acht Geschütze für Kaliber 203 installiert. Damit diese auch längsseits feuern konnten, waren die Seiten des Schiffs eingezogen. Zur Bewaffnung gehörten außerdem 16 weitere Geschütze geringeren Kalibers und vier Ma-schinenwaffen.

Die „Brooklyn" kam 1898 im Krieg der USA gegen Spanien zum Einsatz. Sie beteiligte sich an der Blockade von Santiago de Cuba, um die spanischen Schiffe zu hin-dern, nach Havanna zu laufen, wo amerikanische Kriegs-schiffe lagen. Zuvor hatte die Explosion der „Maine" den USA Anlass gegeben, Spanien den Krieg zu erklären.

Die amerikanische Pazifikflotte zerstörte derweil die bei den spanischen Philippinen befindliche spanische Flotte.

Im Pazifik war die „Brroklyn" dann während des Ersten Weltkriegs im Einsatz. 1921 wurde sie aus der Flottenliste gestrichen.

Das Wettrüsten auf See während der instabilen Weltlage, die immer wieder Konflikte gebar, führte bei allen Großmächten und den Staaten, die nach Weltgeltung strebten, zu gesteigertem Flottenbau.

Der russische Panzerkreuzer „Rossia", Baujahr 1896, war modern und kampfstark.

Das mächtige Schiff, 146,5 Meter lang, war ein Dreischrauben-Dampfer mit 18 466 PS, bewaffnet mit 20 Geschützen und fünf Torpedorohren. 843 Mann dienten auf der „Rossia".

„Rossia" war 1900 gegen China und im Ersten Weltkrieg in der Ostsee im Einsatz.

„Rossia", ein Panzerkreuzer von 1896, sollte Russlands Bedeutung als Seemacht stärken.

Der Panzerkreuzer wurde als „Knjas Potemkin Tawrischeskij" 1898 für die Schwarzmeerflotte in Dienst genommen. Mit 115,3 Meter Länge und 10 600 PS war das Schiff kleiner als die „Rossia".

Während der russischen Revolution von 1905 gegen Unterdrückung, Ausbeutung und Hunger meuterten die Matrosen auf der „Potemkin". Nach dem Scheitern der Revolution übergaben sie den Panzerkreuzer der rumänischen Regierung, die ihn nach Russland auslieferte. Da sein berühmter Name verfemt war, wurde er als „Pantelejmon" wieder in Dienst genommen. 1922 wurde das Schiff abgebrochen.

„Potemkin", der legendäre Panzerkreuzer von 1898, auf dem die Matrosen 1905 meuterten.

Für den Dienst in der Ostsee ließ Russland 1898 bei Armstrong, Mitchell & Co. in Großbritannien einen Eisbrecher bauen. Die 97,55 Meter lange, 9390 PS starke „Ermak" wurde dann nicht in der Ostsee, sondern zwischen Murmansk, Hafenstadt und Flottenstützpunkt am Nordmeer, und Wladiwostok, Hafenstadt und Hauptstützpunkt der russischen Pazifikflotte, eingesetzt. Die riesige Verbindungsstrecke nördlich Sibiriens sollte für die zivile und militärische Schifffahrt passierbar bleiben. Die „Ermak" war der Marine unterstellt. Der tüchtige Eisbrecher, der für viele andere als Vorbild diente, wurde erst 1964 ausgemustert.

„Ermak", ein russischer Eisbrecher, war von 1898 bis 1964 unermüdlich im Einsatz.

Als Ersatz für die erste „Iltis" von 1880, die 1896 in einem Taifun vor China gestrandet war, wurde 1898 das neue, 65,2 Meter lange Kanonenboot gleichen Namens in Fernost eingesetzt, wo es 1900 an den Kämpfen zur Niederschlagung des chinesischen Boxeraufstands beteiligt war. „Iltis" war entscheidend bei der Einnahme des Taku-Forts beteiligt und erhielt den Orden Pour le Mérite.

Bei Kriegsausbruch 1914 lag das Kanonenboot in Tsingtau, das zum Pachtgebiet der Deutschen gehörte. Als die Übergabe unvermeidlich geworden war, erfolgte die Selbstversenkung der Kanonenboote „Iltis", „Fuchs" und „Cormoran".

„Iltis", ein Kanonenboot von 1896, zeigte in Fernost Flagge und war Teil der Kanonenbootpolitik.

Das erste Dreischrauben-Linienschiff der Kaiserlichen Marine war „Kaiser Friedrich III.". Auf der Kaiserlichen Werft in Wilhelmshaven erbaut, wurde das 125,3 Meter lange Schiff mit seinen 13 053 PS 1898 in Dienst gestellt. 690 Mann dienten an Bord. Von guter Manövrierfähigkeit, war es zeitweise Geschwader-Flaggschiff des V. Geschwaders der Hochseeflotte.

Von 1908 bis 1909 wurde das Panzerschiff 1. Klasse modernisiert und erhielt eine neue Bewaffnung. Schon 1916 wurde es desarmiert und diente als Wohnschiff für Kriegsgefangene, nach 1918 als Lehr- und Wohnschiff der Flottenschule. 1919 wurde es abgewrackt.

„Kaiser Friedrich III.", Baujahr 1898, war ein deutsches Panzerschiff 1. Klasse.

Der Postdampfer „Großer Kurfürst" des Norddeutschen Lloyd, Bremen, war zugleich ein Fracht- und Passagierschiff. Es wurde 1900 bei Schichau in Danzig gebaut, war 177,05 Meter lang und 8250 PS stark.

Abwechselnd versah „Großer Kurfürst" den Passagier- und Postdienst zwischen Bremerhaven und New York und Sidney, Australien.

1913 rettete „Großer Kurfürst" die Überlebenden des britischen Dampfers „Volturno". 1914, zu Beginn des Ersten Weltkriegs, in New York aufgelegt, wurde „Großer Kurfürst" 1917 beschlagnahmt und war als „Aeolus" in der US Navy in Dienst. Ab 1922 war das Schiff als „City of Los Angeles" wieder in ziviler Fahrt. 1937 ging es nach Japan und wurde dort abgewrackt.

„Großer Kurfürst", Baujahr 1900, war ein deutscher Postdampfer, seit 1917 als „Aeolus" unter US-Flagge.

Die Jungfernreise des Lloyd-Schnelldampfers „Deutschland" führte 1900 nach New York. 1911 wurde das 208,5 Meter lange, bei Vulcan in Stettin gebaute Schiff mit seinen 34 000 PS aus dem Liniendienst genommen und zum Kreuzfahrtschiff „Victoria Luise" umgebaut. Zu Beginn des Ersten Weltkriegs wurde es zum Hilfskreuzer der Marine, der aber nicht zum Kriegsdienst eingesetzt wurde.

„Deutschland", Baujahr 1900, war ein Schnelldampfer des Norddeutschen Lloyd.

Von 1920 bis 1921 erfolgte wieder ein Umbau, und unter dem neuen Namen „Hansa" wurde das Schiff wieder im Liniendienst nach New York eingesetzt. 1925 schließlich wurde es in Hamburg verschrottet.

Für den Ostasiendienst, vor allem nach Yokohama, ließ die Hapag 1900 bei Vulcan in Stettin den 166,1 Meter langen und mit 8000 PS ausgestatteten Dampfer „Kiautschou" bauen. 1904 übernahm der Norddeutsche Lloyd das Schiff und nannte es „Princess Alice".

1914 musste es in Cebu, einer philippinischen Insel, aufgelegt werden. 1917 beschlagnahmt, war der Dampfer dann unter amerikanischer Flagge mit dem Namen „Princess Matoika" in Fahrt. Nach mehreren Verkäufen und Namenswechseln – so hieß der Dampfer 1922 zum Beispiel „President Arthur" – gelangte die ehemalige „Kiautschou" 1926 an die Los Angeles Steam Ship Co. und wurde zum Luxusliner „City of Honolulu" umgebaut. 1930 brannte das Schiff in Honolulu aus.

„Kiautschou" war einst ein deutscher Ostasien-Dampfer, Baujahr 1900.

Für die DOA, die Deutsche Ost-Afrika-Linie in Hamburg, wurde 1900 bei Blohm & Voss ein Dampfer als Fracht- und Passagierschiff gebaut, 125,3 Meter lang, 3200 PS stark und auf den Namen „Kronprinz" getauft. Die Jungfernreise führte nach Ostafrika, 1901 fand die erste Fahrt rund um Afrika statt. Das Deutsche Reich hatte einige Kolonien in Afrika, das machte die Afrikafahrt lohnend.

1914 wurde „Kronprinz" in Laurenco Marques (heute: Maputo, Hauptstadt von Mosambik) aufgelegt und zwei Jahre später von Portugal beschlagnahmt. Als „Quelmane" war die ehemalige „Kronprinz", als es in Deutschland keine Monarchie mehr gab, bis 1927 in Dienst.

Die DOA hatte schon 1914 bei Beginn des Ersten Weltkriegs ihren Afrikadienst aufgeben müssen.

„Kronprinz" war einst ein deutscher Ostafrika-Dampfer, Baujahr 1900.

61

„Kearsage", ein ameri-
kanisches Schlacht-
schiff, war von 1900 bis
1955 in Dienst.

Das 19. Jahrhundert neigte sich seinem Ende entgegen. Vor allem im Kriegsschiffbau gab es immer wieder Verbesserungen, um Kampf- und Zerstörungskraft zu steigern. Das Wettrüsten auf den Meeren war in vollem Gang.

Die „Kearsage" von 1900, 114,4 Meter lang und 10 000 PS stark, war ein amerkanisches Schlachtschiff. Ihre Geschützanordnung sorgte wie die ihrer Schwester „Kentucky" für Aufsehen. Vier 330-mm-Geschütze waren vorn

und achtern in Zwillingstürmen untergebracht. Auf diese Türme waren Zwillingstürme für 203-mm-Geschütze aufgesetzt. Die beiderseits je sieben 127-mm-Geschütze waren in Batterien innerhalb der Aufbauten installiert.

Die „Kearsage", Teil der Seemacht, mit der die USA ihre Stärke demonstrierten, war bis 1904 Flaggschiff der Nordatlantikflotte. Bald spielte sie nur noch eine Nebenrolle, wurde aber erst 1955 außer Dienst gestellt.

Seine Ähnlichkeit mit amerikanischen Schlachtschiffen verdankte das russische Schlachtschiff der Werft von William Cramp & Sons in Philadelphia. Hier wurde die 117,8 Meter lange und 17 000 PS starke „Retvisan" 1900 gebaut.

1904 wurde das Schlachtschiff im Krieg gegen Japan eingesetzt und vor Port Arthur durch Treffer versenkt. Ein Großteil der russischen Flotte blieb in diesem Krieg auf der Strecke. Eines der wenigen Schiffe, die der Vernichtung entgehen konnten, war die „Aurora", die heute in St. Petersburg liegt (siehe Seite 126).

1908 wurde die „Retvisan" durch die Japaner gehoben und als „Hizen" bei der japanischen Marine in Dienst gestellt. Zuletzt war es Zielschiff für Schießübungen und versank 1924 zum zweiten Mal.

„Retvisan", ein 1900 in Philadelphia, USA, gebautes russisches Schlachtschiff.

Die Dampfer des 20. Jahrhunderts

Der schwedische Ingenieur Carl Gustaf de Laval konstruierte 1883 die Dampfturbine. Schon ein Jahr später entwickelte der britische Ingenieur Charles Algernon Parsons eine mehrstufige Dampfturbine. Er ließ 1894 das Boot „Turbinia" bauen. Dieses erste Dampfturbinenschiff der Welt ist als Museumsschiff erhalten geblieben und wird im nächsten Kapitel vorgestellt, das den Museumsschiffen und noch in Fahrt befindlichen Dampfern gewidmet ist.

„Oceana" hieß seit 1927 der Passagierdampfer der Hapag, der 1913 für den Norddeutschen Lloyd als „Sierra Salvada" gebaut worden war.

Die andere Erfindung war der Verbrennungsmotor, auf den der deutsche Ingenieur Rudolf Diesel 1892 ein Patent erhielt. Als erste Dieselmotorschiffe wurden 1903 ein französisches Kanalboot und ein russischer Frachter in Dienst gestellt.

Deutschland war zu Beginn des 20. Jahrhunderts die größte Industriemacht Europas, Großbritannien aber die stärkste Seemacht. Kaiser Wilhelm II. bestimmte: „Der Dreizack gehört in unsere Faust!" Als Österreich-Ungarn mit deutscher Ermunterung 1914 Serbien den Krieg erklärt hatte, befand der deutsche Kaiser: „Jetzt oder nie", und erklärte Russland und Frankreich den Krieg.

Nach dem Ende des Kriegs 1918 wurden zunehmend Dieselmotorschiffe, aber auch noch neue Dampfer gebaut. Das Vergnügen, mit luxuriösen Schiffen auf Seereisen zu gehen, erlebte seine höchste Blüte, bis das Deutsche Reich 1939 den Zweiten Weltkrieg begann. Ab 1945, nach Ende des Kriegs, wuchs die zivile Schifffahrt und Seereisen und Kreuzfahrten wurden bald wieder zum großen Freizeitspaß. Auch das Wettrüsten auf See begann erneut.

Die letzten Dampfturbinen-Fahrgastschiffe wurden in den 1950er-Jahren in Dienst gestellt. Ab 1970 waren die letzten Dampfturbinen-Frachtschiffe in Fahrt.

Der 1901 bei Blohm & Voss in Hamburg gebaute Hapag-Dampfer „Blücher" für den Nordatlantikdienst war 167,5 Meter lang und 9500 PS stark. Die Jungfernfahrt führte nach New York. Auch als Kreuzfahrtschiff wurde „Blücher" eingesetzt. 1912 erfolgte der Umbau für den Südamerikadienst, Luxuskabinen wurden eingefügt. Die erste Reise führte in diesem Jahr von Hamburg nach La Plata. Bei Kriegsbeginn 1914 wurde „Blücher" in Pernambuco, Brasilien, aufgelegt. Von der brasilianischen Regierung beschlagnahmt, fuhr der Dampfer nun unter dem Namen „Leopoldina". Das schöne Schiff wurde 1918 Frankreich übereignet und erhielt den Namen „Suffren". 1929 wurde die ehemalige „Blücher" in Genua abgewrackt.

„Blücher", Baujahr 1901, war bis 1914 ein Hapag-Dampfer im Atlantikdienst.

Mit dem Morseapparat war seit 1837 das Telegrafieren möglich. Das erste Übersee-Telegrafenkabel wurde von 1857 bis 1858 zwischen den USA und Europa gelegt.

„Stephan", benannt nach dem Generalpostmeister des Deutschen Reichs, war ein deutscher Kabeldampfer, der 1902 bei Vulcan in Stettin gebaut worden war. Bis 1904 wurden die ersten deutschen Kabel verlegt – von Emden über Vigo in Spanien nach New York. Auch im Pazifik, wo es einige kleine deutsche Besitzungen gab, wurden Kabel verlegt, wie hier im Bild bei den Karolinen-Inseln in Mikronesien, die von 1899 bis 1914 zu den deutschen Kolonien zählten.

„Stephan", 1902 gebaut, war der erste deutsche Dampfer zum Kabellegen.

Für Fahrten in der Ost- und Nordsee wurde 1903 bei der Rostocker A.-G. Neptun, Schiffswerft und Maschinenfabrik, der 67 Meter lange Frachtdampfer „Grete Cords" für die Reederei Cords & Schmidt, Rostock, gebaut.

1914 wurde der Dampfer in Brest beschlagnahmt und konnte erst 1920 die Heimreise antreten. Von der Reederei Ahrends übernommen erhielt er den Namen „Johann Ah-

„Grete Cords", Baujahr 1903, war bis 1988, zuletzt als „Vorwärts", in Dienst.

rends". Nach 1945 wurde das Schiff in Stralsund überholt und war als „Vorwärts" das erste Handelsschiff der DDR. Von 1954 bis 1988 diente es als Ausbildungszentrum für junge Matrosen.

Die Cunard Steam Ship Co. in Liverpool ließ 1903 bei Swan Hunter & Wigham Richardson Ltd. in Wallsend den 164,6 Meter langen Fracht- und Passagierdampfer „Carpathia" bauen. Das Schiff, eingesetzt zwischen Triest und New York sowie zwischen Liverpool und Boston, wurde berühmt, als es auf der Rückreise ins Mittelmeer am 15. April 1912 die Notsignale der „Titanic" empfing und als einziges Schiff den sinkenden Luxusdampfer erreichte, 711 Schiffbrüchige rettete, wie genaue Untersuchungen ergaben, und nach New York brachte. Am 18. April legte die „Carpathia" am Pier 34 an.

Gegen Ende des Ersten Weltkriegs versank die „Carpathia" selbst in den Fluten des Atlantiks. Sie wurde vom deutschen U-Boot U 55 mit Torpedos beschossen und versenkt. Die „Carpathia" wurde wie viele andere Handelsschiffe ein Opfer des uneingeschränkten U-Boot-Kriegs.

„Carpathia" war der Cunard-Dampfer von 1903, der als einziges Schiff die sinkende „Titanic" erreichte.

Das neue Flaggschiff der Hamburg-Amerika Linie Hapag, die 1905 bei Harland & Wolff Ltd. in Belfast gebaute „Amerika", war 213,4 Meter lang, die Dampfmaschinenleistung betrug 15 000 PS. Das Schiff war wegen seines Komforts berühmt.

Die Jungfernreise führte von Hamburg nach New York. 1912 kollidierte die „Amerika" vor Dover mit dem britischen U-Boot B 2, das mit 15 Mann sank. Im Juni 1914 erfolgte die erste Reise von Hamburg nach Boston. Im August diesen Jahres wurde der Dampfer in Boston aufgelegt.

Nach dem Kriegseintritt 1917 wurde die „Amerika" beschlagnahmt und gehörte als „America" zur US Navy. 1941 gehörte sie unter dem neuen Namen „Edmund B. Alexander" zur US Army und diente wie viele Passagierschiffe als Truppentransporter.

1949 wurde der einstige Nordatlantikdampfer der Hapag aufgelegt, 1957 schließlich in Baltimore abgewrackt.

„Amerika" war von 1905 bis 1917 das Flaggschiff der Hamburg-Amerika Linie.

Für den Mittelamerikadienst der Hapag wurde auf der Germaniawerft der Friedrich Krupp AG in Kiel die „Wittelsbach" gebaut, die bei der Taufe den Namen „Kronprinzessin Cecilie" erhielt. Das Passagierschiff, 149,7 Meter lang und mit 6070 PS ausgestattet, unternahm 1906 seine Jungfernfahrt nach Mexiko. Neben dem Liniendienst ging der Dampfer auf Kreuzfahrten.

1913 rettete „Cecilie" im Atlantik die 22 Mann Besatzung der französischen Bark „Patrie". 1914 wurde der Dampfer in Falmouth beschlagnahmt, wurde im Krieg als Schlachtschiff-Attrappe verwendet, war bis 1926 in Fahrt und wurde dann abgebrochen.

„Kronprinzessin Cecilie" war seit 1906 für die Hapag im Mittelamerika-dienst.

Vor allem, um Einwanderer aus ganz Europa von Liverpool nach Quebec in Kanada zu bringen, ließ die Canadian Pacific Steamships Ltd., eine Tochterfirma der Canadian Pacific Railway, 1906 bei Fairfield in Schottland die Schwestern „Empress of Britain" und „Empress of Ireland" bauen. Auf den 173,75 Meter langen Schiffen fanden je 600 Passagiere der ersten und 800 Passagiere der zweiten Klasse Platz.

Die „Empress of Ireland" wurde 1914 auf dem Sankt-Lorenz-Strom in dichtem Nebel vom norwegischen Dampfer „Storstad" gerammt und sank. 1024 Tote waren zu beklagen.

„Empress of Britain" wurde 1924 in „Montroyal" umbenannt.

„Empress of Ireland", ein großes kanadisches Einwandererschiff aus dem Jahr 1906.

Bei Indienststellung 1906 war „Kaiserin Auguste Victoria" der größte Dampfer der Welt. Bei Vulcan in Stettin gebaut, war das Schiff 214,9 Meter lang, 16 700 PS trieben den Hapag-Schnelldampfer an. Er beförderte mit einer Besatzung von 593 Mann fast 3000 Passagiere zwischen Hamburg und New York.

1919 an Großbritannien abgeliefert, wurde aus der „Kaiserin Auguste Victoria" die „Empress of Scotland" der Canadian Pacific Line. Sie fuhr zwischen Southampton und Quebec, machte auch Kreuzfahrten. 1930 wurde sie zum Abwracken verkauft. Bei den Abbrucharbeiten fing sie Feuer und brannte völlig aus.

„Kaiserin Auguste Victoria" war 1906 der größte Dampfer der Welt.

Admiral Lord Fisher, seit 1904 Erster Seelord, und der Chefkonstrukteur der Royal Navy, W. H. Gard, schufen ein neuartiges Schlachtschiff, das vielen Seemächten als Beispiel diente. Sein Name „Dreadnought" (Fürchte nichts) wurde zum Gattungsbegriff.

Das 158,6 Meter lange Schiff von 1906 war das erste Turbinen-Kriegsschiff der Welt, seine Leistung betrug 23 000 PS, die Geschwindigkeit betrug 21 Knoten. Mit seiner schweren Bewaffnung konnten Treffer auf große Distanz erzielt werden. Die „Dreadnought" war mit zehn Geschützen des Kalibers 30,5 cm in fünf Türmen, 26 kleineren Geschützen und fünf Torpedorohren bestückt.

„Dreadnought", das britische Schlachtschiff von 1906, setzte neue Maßstäbe im Kriegsschiffbau.

Der Große Kreuzer „Scharnhorst" war eines der letzten Schiffe seiner Art und das letzte Großschiff der Kaiserlichen Marine, das von einer Dreizylinder-Dampfmaschine, die 21 180 PS leistete, angetrieben wurde. Das 1907 bei Blohm & Voss in Hamburg gebaute Schiff war 144,6 Meter lang. Es hatte acht schwere Geschütze Kaliber 21 cm, die Mittelartillerie bestand aus 24 Geschützen, es gab vier Torpedorohre.

„Scharnhorst" geriet mit dem Geschwader von Graf Spee 1914 vor den Falklandinseln in ein Gefecht mit einem überlegenen britischen Geschwader, wurde schwer getroffen und sank mit 860 Mann.

„Scharnhorst", ein Großer Kreuzer von 1907, wurde in einem Gefecht 1914 versenkt.

Der 1907 gebaute Cunard-Schnelldampfer „Lusitania" war 240 Meter lang, hatte vier Schrauben, die von 68 000 PS angetrieben wurden. Mit einer Geschwindigkeit von 23,99 Knoten errang das Schiff das begehrte Blaue Band für die schnellste Ozeanüberquerung.

Während einer Fahrt von New York nach Liverpool wurde die „Lusitania" am 7. Mai 1915 von einem Torpedo des deutschen U-Boots U 20 getroffen und sank. 1198 Menschen verloren ihr Leben. Die weltweite Empörung führte schließlich dazu, dass die bislang neutralen USA 1917 in den Krieg gegen Deutschland eintraten.

„Lusitania", ein Cunard-Dampfer von 1907, wurde 1915 von einem deutschen U-Boot versenkt.

Der Fracht- und Passagierdampfer für die Ostasienfahrt des Norddeutschen Lloyd, die „Derfflinger", 1907 bei Schichau in Danzig gebaut und nach dem brandenburgischen Generalfeldmarschall benannt, war 146,75 Meter lang und 6000 PS stark. Die Jungfernfahrt führte aber nach New York.

1914 wurde das Schiff im Suezkanal britische Kriegsbeute und fuhr unter dem neuen Namen „Huntsgreen"

„Derfflinger", Baujahr 1907, war ein Ostasiendampfer des Norddeutschen Lloyd.

unter britischer Flagge. 1923 kaufte der NDL das Schiff zurück, baute es um und schickte es auf seine erste Nachkriegsreise – wieder ging es nach New York. 1927 erfolgte ein weiterer Umbau im Kabinenbereich. 1933 wurde das Schiff in Bremerhaven abgewrackt.

Der Turbinen-Schnelldampfer „Mauretania" wurde liebevoll „Maurie" genannt. Das für Cunard 1907 bei Swan Hunter & Wigham Richardson Ltd. gebaute Passagierschiff für die Nordatlantikfahrt war 232 Meter lang, die Maschinenleistung betrug maximal 70 925 PS. Die Besatzung bestand aus 812 Mann; 2165 Passagiere, später sogar 2335, hatten Platz an Bord.

Schon auf der ersten Fahrt errang die „Mauretania" das Blaue Band mit einer Geschwindigkeit von 23,61 Knoten. Insgesamt achtmal gelang dem Schiff auf West- und Ostkurs die schnellste Atlantiküberquerung, 1929 schließlich mit 27,22 Knoten. Die Außerdienststellung erfolgte 1931.

„Mauretania", der Cunard-Dampfer von 1907, errang achtmal das Blaue Band.

Die Hapag ließ 1907 auf der Germaniawerft den Fracht- und Passagierdampfer „Corcovado" für den Südamerikadienst bauen. Das Schiff war 138,2 Meter lang, die zwei Dampfmaschinen leisteten 4500 PS.

Die „Corcovado" unternahm auch Fahrten nach New York und ins Schwarzmeer. 1914 diente der Dampfer in Konstantinopel als Wohnschiff der deutschen Kaiserlichen Marine. 1916 ging er als „Sueh" an die türkische Marine.

Das Schiff wechselte noch viermal die Eigner, dreimal die Namen, war in Sizilien, Triest und Loanda beheimatet. Erst 1954 wurde die ehemalige „Corcovado" im italienischen Savona verschrottet.

„Corcovado", Baujahr 1907, ursprünglich ein Südamerikadampfer, war bis 1954 in Fahrt.

Nach dem Beispiel des britischen Schlachtschiffs „Dreadnought" entstanden in vielen Ländern große, schwer bewaffnete Kriegsschiffe. Der erste deutsche Dreadnought war die 1908 auf der Kaiserlichen Werft in Wilhelmshaven gebaute „Nassau". Das 146 Meter lange Schlachtschiff mit seinen 20 000 PS trug zwölf Geschütze des Kalibers 28 cm, zwölf Geschütze des Kalibers 15 cm und 16 Geschütze mit Kaliber 8,8 cm. Die Besatzung bestand aus 1008 Mann.

„Nassau" nahm 1916 an der Schlacht am Skagerrak teil. 1920 an Japan ausgeliefert, von dort nach Großbritannien verkauft, wurde das Schiff in Dordrecht abgewrackt.

„Nassau", Schlachtschiff aus dem Baujahr 1908, war der erste deutsche Dreadnought.

Der Höhepunkt des amerikanischen Linienschiffbaus war 1908 die Connecticut-Klasse, zu der auch die „New Hampshire" gehörte. Gut gepanzert und bestückt mit zwölf Geschützen schwerer und mittlerer Artillerie waren diese Linienschiffe ein wichtiger Entwicklungsschritt zum „all big gun battleship", zum Schlachtschiff, wie es zuvor der Typ des Dreadnought war, der im direkten Wettrüsten zwischen Großbritannien und Deutschland entstanden war. Charakteristisch für die amerikanischen Kriegsschiffe waren für lange Zeit die Gittermasten, die „paper basket masts" (Papierkorbmasten) genannt werden, die eigentlich Vielrohrmasten waren.

„New Hampshire", ein amerikanisches Linienschiff von 1908, eine Vorstufe zum Schlachtschiff.

Eines der ersten Dampfturbinenschiffe mit turboelektrischem Antrieb war das deutsche U-Boot-Hebeschiff „Vulcan", 1908 bei den Howaldtswerken in Kiel gebaut. Die Dampfmaschine leistete 1341, der Elektromotor 612 PS. Den Schiffskörper bildeten zwei Pontons, je fünf Meter breit, im Abstand von 6,5 Metern, die vorn und achtern mit Brücken verbunden waren. Die Hebelast betrug 500 Tonnen. Bis 1918 hob „Vulcan" fünf gesunkene U-Boote.

Während der Reparations-Ablieferungsfahrt nach dem Ersten Weltkrieg zum britischen Harwich sank „Vulcan" 1919 bei Helgoland.

„Vulcan" war ein deutsches U-Boot-Hebeschiff, 1908 mit Dampfturbinenantrieb gebaut.

Der Norddeutsche Lloyd ließ für seinen Liniendienst zwischen Mittelmeer und New York 1908 bei der AG Weser in Bremen ein großes Schiff fertigen. Die 186,8 Meter lange „Berlin" mit ihren 14 000 PS unternahm von Bremerhaven ihre Jungfernfahrt nach New York. Die Rückreise erfolgte nach Genua.

1914 wurde das Schiff als Hilfskreuzer der Kaiserlichen Marine unterstellt und im selben Jahr in Trondheim interniert. Nach dem Krieg wurde es an Großbritannien abgeliefert, 1920 übernahm es die White Star Line, die es „Arabic" nannte. 1931 wurde der Dampfer in Genua abgewrackt.

„Berlin" wurde 1908 für den Passagierdienst zwischen Mittelmeer und New York gebaut.

Das schöne Passagier- und Frachtschiff „George Washington" war von 1909 bis 1913 mit 220,2 Metern Länge der größte Dampfer des Norddeutschen Lloyd, angetrieben von 20 000 PS. 1914 in New York aufgelegt, wurde das Schiff 1917 beschlagnahmt und 1919 an die US Army übergeben, von 1920 bis 1931 wurde es zusammen von United States Line und US Mail bereedert. Ab 1940 diente der Dampfer mal der Navy, mal der Army als Transporter. 1941 umbenannt in „Catlin", erhielt das Schiff dann wieder seinen alten Namen „George Washington", unter dem es zuerst unter deutscher, dann amerikanischer Flagge in Fahrt war.

1947 wurde es durch einen Brand beschädigt und in Baltimore aufgelegt. 1951 brannte es total aus und wurde verschrottet.

„George Washington", NDL-Dampfer von 1909, diente viele Jahre der US Army und der US Navy.

Der Kleine Kreuzer „Emden", 1909
auf der Kaiserlichen Werft in Danzig
gebaut, gehörte zum Ostasienge-
schwader von Admiral Graf Spee.
Nach einem Gefecht mit dem britischen Kreuzer „Sidney" im November
1914 wurde „Emden" bei den Kee-
ling-Inseln (Kokos-Inseln) auf Strand
gesetzt.

Ein Teil der Besatzung besetzte den
dort liegenden Schoner „Ayesha" und
setzte unter Kriegsflagge die Fahrt
fort, um über Arabien die Heimat zu
erreichen. Das Wrack der „Emden"
war bis 1956 zu sehen.

Als Ersatz für das verlorene Schiff
wurde 1916 „Emden" (II) in Dienst
gestellt.

*„Emden", ein deutscher Kleiner
Kreuzer von 1909, wurde 1914 außer
Gefecht gesetzt.*

Die Weiterentwicklung der „Dreadnought" waren die drei Schlachtschiffe der Bellerophon-Klasse: „Bellerophon", „Superb" und „Temeraire". Die 21 Knoten schnellen Schlachtschiffe der Royal Navy wurden 1909 in Dienst gestellt. Gegen Torpedoangriffe waren sie gepanzert. Ihre schwere Artillerie bestand aus zehn Geschützen Kaliber 30,5 cm und 16 Stück Mittelartillerie Kaliber 10,2 cm. 1918 erhielt „Temeraire" noch zwei 10,2-cm-Flugabwehrkanonen – aus dieser Zeit stammt das Bild.

„Temeraire" gehörte zur Grand Fleet in der Nordsee und war im selben Schlachtgeschwader wie die berühmte „Dreadnought".

„Temeraire", ein modernes britisches Schlachtschiff, das 1909 in Dienst gestellt wurde.

Deutschland strebte an, eine bedeutende Seemacht zu werden. Als Antwort auf den Bau britischer Kreuzer und Schlachtschiffe wurde 1910 bei Blohm & Voss der Große Kreuzer „Von der Tann" als Einzelschiff gebaut. Das 171,1 Meter lange Schiff mit 41 000 PS war mit 34 Geschützen und vier Torpedorohren ausgerüstet. Fast 1000 Mann dienten auf „Von der Tann".

Der Große Kreuzer, auch als Schlachtkreuzer bezeichnet, war an der Skagerrak-Schlacht 1916 sowie an Gefechten und Beschießungen in Nord- und Ostsee beteiligt.

„Von der Tann", ein 1910 gebauter Großer Kreuzer der Kaiserlichen Marine.

Auf dem Weg nach Scapa Flow, dem britischen Militärhafen in Schottland, wo ein Großteil der deutschen Flotte nach dem Krieg interniert werden sollte, beteiligte sich „Von der Tann" an der massenhaften Selbstversenkung und ging 1919 unter. 1930/31 wurde das Schiff gehoben, vor der Insel Cava auf Strand gesetzt und in Lyness abgebrochen.

Durch den Krieg mit Japan, in dem ein Großteil der russischen Flotte 1905 vernichtet worden war, hatte sich die Fertigstellung von „Imperator Pavel I." und anderen Schlachtschiffen verzögert. Viele der geplanten Neubauten blieben unvollendet auf den Werften liegen. Als nach über siebenjähriger Bauzeit die neuen Schiffe 1910 in Dienst gestellt wurden, waren sie von der technischen Entwicklung überholt. So waren sie ab 1914 kaum an den Kämpfen in der Ostsee beteiligt. 1917, nach dem Ende des Zarenreichs, wurde aus „Imperator Pavel I." durch Umbennnung „Respublika", die bis zum Jahr 1923 in der sowjetischen Flotte in Dienst war.

„Imperator Pavel I.", ein russisches Schlachtschiff von 1910, wurde 1917 „Respublika".

Die beiden Cunard-Passagierdampfer „Laconia" und „Franconia" waren Schwesterschiffe. 1910 wurden die 182,95 Meter langen Dampfer für den Liniendienst zwischen Liverpool und Boston gebaut. Manchmal liefen sie auch New York an. Während der Wintermonate wurden „Laconia" und „Franconia" statt im Liniendienst im Mittelmeer als Kreuzfahrtschiffe eingesetzt. Für diesen Zweck waren die erste und die zweite Klasse großzügig ausgestattet.

Die Schwestern waren Unglücksschiffe, die im Ersten Weltkrieg von deutschen U-Booten versenkt wurden. Das Schicksal ereilte die „Franconia" 1916 vor Malta.

„Franconia" war ein Cunard-Dampfer, ab 1910 auf dem Atlantik und im Mittelmeer in Dienst.

Die Jungfernreise des Fracht- und Passagierschiffs „Cap Finisterre" führte wie die der anderen acht Cap-Dampfer der Hamburg-Südamerikanischen Dampfschifffahrts-Gesellschaft (kurz: Hamburg-Süd), die zwischen 1900 und 1914 gebaut wurden, nach La Plata.

Das 180,14 Meter lange und 10 000 PS starke Schiff war 1911 bei Blohm & Voss gebaut worden und wurde zu Beginn des Ersten Weltkriegs 1914 in Hamburg aufgelegt. Nach dem Krieg wurde es an die USA abgeliefert und wurde 1919 ein Transporter der US Navy. Weitergegeben nach London, wurde es 1920 Japan übereignet. Hier wurde der Dampfer als „Tayo Maru" in Dienst genommen. 1942 wurde das ehemalige schöne und stolze Flaggschiff der Hamburg-Süd südwestlich Kyushu durch das amerikanische U-Boot „Grenadier" versenkt.

„Cap Finisterre", ein Hamburg-Süd-Dampfer von 1911, war nur drei Jahre für die Reederei in Fahrt.

Das Kaiser- und Königreich Österreich-Ungarn war bis zum Ende des Ersten Weltkriegs auch ein Mittelmeerstaat mit eigener Kriegsflotte.

1903 gründeten die Brüder Cosiluch die kleine Schifffahrtslinie Unione Austriaca. 1911 ließen sie bei Cantieri Navale Triestino einen 145,55 Meter langen Dampfer mit 12 500 PS bauen. Mit diesem „Kaiser Franz Joseph I." wurden vor allem Auswanderer vom österreichischen Triest in die USA befördert.

1919 in „Presidente Wilson" umbenannt, ging der Dampfer als „Gange" an Lloyd Triestino, als „Marco Polo" an die Adriatica-Linie. 1944 wurde das Schiff in La Spezia versenkt.

„Kaiser Franz Joseph I." war ein 1911 gebauter österreichischer Passagierdampfer.

Die White Star Line ließ auf der Werft von Harland & Wolff in Belfast den schönen und stolzen Schnelldampfer „Titanic" bauen. Das 267 Meter lange Schiff mit seinen neun Decks konnte 2440 Passagiere oder als Truppentransporter 3300 Soldaten befördern. Die Besatzung bestand aus 891 Mann.

Die Kolbendampfmaschinen und die Abdampfturbine leisteten insgesamt 51 000 PS, so konnte der Dreischraubendampfer eine Geschwindigkeit von maximal 22,3 Knoten erzielen. Mit ihren 15 wasserdichten Schotten und dem doppelten Schiffsboden galt die „Titanic" als unsinkbar. Die Probefahrt am 12. April 1912 verlief ohne Probleme.

Der erfahrene Kapitän Edward Smith, der bei White Star die Jungfernfahrten durchführte, hatte das Komando, als die „Titanic" am 11. April 1912 Southampton zu ihrer ersten Atlantiküberquerung verließ. 1316 Passagiere und die Besatzung waren an Bord.

Am 14. April gegen 23.40 Uhr kollidierte die „Titanic" mit einem Eisberg auf einer Route, auf der zu dieser Zeit keine Eisberge zu erwarten waren. Auf der Steuerbordseite wurde das Schiff auf einer Länge von etwa 100 Metern aufgerissen. Rasch drang das Wasser ins Schiff. Die abge-

setzten Notrufe verhallten. Viele Menschen wurden in die eisige Wassertiefe gezogen, viele andere fanden keinen Platz in den Rettungsbooten. Am 15. April gegen 2.20 Uhr sank die „Titanic". Der Dampfer „Carpathia" (Seite 69) war als einziges Schiff herbeigeeilt, rettete 711 Menschen und brachte diese Überlebenden nach New York.

1981 konnte das Wrack der „Titanic" in 3658 Meter Tiefe geortet werden. Robert D. Ballard und seinem Team gelang es ab 1986 mit einem U-Boot zur „Titanic" zu gelangen.

Das Unglück der „Titanic" und ihrer Passagiere bewegt die Menschen immer noch. Eine Vielzahl von Berichten und Büchern beschäftigt sich mit dem tragischen Schicksal des Schiffs, der Toten und Überlebenden. Dichtung und Wahrheit mischen sich, gewagte Hypothesen und kühne Spekulationen kursieren. „Titanic" ist ein moderner Mythos, der mehrmals verfilmt wurde – vom Stummfilm über einen Nazi-Propagandafilm bis zum Drama mit Leonardo di Caprio.

„Titanic" auf der Jungfernfahrt, nach der Kollision mit einem Eisberg am 14. April 1912.

Die Seemacht Japan stellte nach drei-
jähriger Bauzeit 1912 zwei neue
Schlachtschiffe in Dienst. „Kawachi"
und „Settsu" waren mit je zwölf
schweren Geschützen Kaliber 30,5 cm
und zwölf Geschützen Kaliber
25,4 cm, außerdem mit 18 Mittelartillerie-Geschützen bestückt. Charakteristisch für die beiden Schiffe waren
die neuartigen Dreibeinmasten.

Bei der Entzündung von Kordit explodierte 1918 die Munition auf der
„Kawachi" und zerstörte das Schiff
total. Das Wrack wurde später am Un-
glücksort abgebrochen.

Das Schwesterschiff „Settsu" sank
gegen Ende des Krieges 1945 nach
einem Bombentreffer.

*„Kawachi", ein japanisches Schlacht-
schiff, das 1912 in Dienst gestellt
wurde und 1918 explodierte.*

1912 wurde von Blohm & Voss der 186,5 Meter lange Große Kreuzer „Goeben" an die Kaiserliche Marine abgeliefert. Das 52 000 PS starke Schiff war 25,5 Knoten schnell. Mit zehn Geschützen vom Kaliber 28 cm, zwölf weiteren Geschützen und vier Torpedorohren war der Große Kreuzer bestückt, auf dem 1050 Mann dienten. Während der Balkankriege 1912/13 operierte er im Mittelmeer.

1914 schlug sich „Goeben" in die Türkei durch und wurde als „Yavuz Sultan Selim" Teil der türkischen Flotte.

Bis 1950 im aktiven Marinedienst, wurde der Kreuzer 1954 aus der Liste der Kriegsschiffe gestrichen.

„Goeben", ein Großer Kreuzer von 1912, diente von 1914 bis 1950 aktiv in der türkischen Flotte.

Ab 1850 verbreitete sich die Kettenschifffahrt in ganz Europa. Vor den Dampfschiffen wurden die Flusskähne getreidelt, also von Menschen oder von Pferden längs des Ufers gezogen. Rad- und Schraubendampfer liefen bei seichten Gewässern oft auf Grund. So wurden Ketten in den Flüssen verlegt. Das dampfgetriebene Kettenschiff, das mehrere Lastkähne im Schlepp hatte, zog sich an der Kette vorwärts, die am Bug aufgenommen, über Deck geführt und am Heck wieder in den Fluss gegeben wurde. Auch Kettenfährschiffe waren im Einsatz.

Auf dem Main zum Beispiel waren Kettenschleppdampfer und Motorschlepper mit Schleppzügen bis 1938 gebräuchlich. Der 52 Meter lange Schleppdampfer „Mainkette 1" mit seinen 140 PS wurde 1912 auf der Werft Roßlau in Neckarsulm für die Königlich Bayerische Kettenschleppschiffahrts-Ges. gebaut. Ein solcher Schleppdampfer wurde wegen seiner warnenden Glocken und des muhenden Tutens „Maakuh" genannt.

Um 1920 begannen die modernen Dieselmotorschlepper die mit Dampf getriebenen Kettenschiffe zu verdrängen.

„Mainkette 1" war ein Kettenschiff, das von 1912 bis in die 30er-Jahre Lastkähne zog.

Im internationalen Wettlauf um das größte und schnellste Schiff ließ die Hapag für die Hamburg-Amerika Linie bei der Vulcan Werft in Hamburg den Turbinen-Schnelldampfer „Imperator" bauen. Das 1913 abgelieferte Vierschrauben-Passagierschiff war mit seiner Länge von 280,18 Metern bis zum 1. Mai 1914, als die Hapag die noch größere „Vaterland" der Imperator-Klasse in Dienst stellte, das größte Dampfschiff der Welt. Seine vier Turbinen erbrachten eine Leistung von 61 000, maximal 84 000 PS und gaben dem eleganten Schiff eine Geschwindigkeit von 24 Knoten. Insgesamt 4594 Passagiere hatten Platz an Bord, die Besatzung zählte 1180 Personen, die Ladefähigkeit betrug 12 000 Tonnen.

Die Jungfernreise führte von Cuxhaven nach New York. Einige Proble-

me wie Stabilität und Dampfdruck wurden nach den ersten Fahrten behoben. Am Wettkampf ums Blaue Band konnte sich die „Imperator" nicht mehr beteiligen. Wegen des Kriegs wurde sie 1914 in Hamburg aufgelegt, nach dem Krieg an Großbritannien ausgeliefert. Als „Berengaria" fuhr sie nun für die Cunard Line. Nach einem Brand in New York wurde sie 1938 zum Abwracken verkauft.

„Imperator", ein Hapag-Passagierschiff, war 1913 der größte Dampfer der Welt.

Das Passagierschiff „Aquitania", 1914 von John Brown & Co. in Clydebank, Schottland, abgeliefert, wurde das Flaggschiff der Cunard Line. Bis zu Beginn des Ersten Weltkriegs konnte das 274,6 Meter lange Schiff mit seinen 56 000 PS nur drei Reisen durchführen. Dann wurde der Schnelldampfer von der Royal Navy als Truppentransporter und Lazarettschiff eingesetzt.

Nach dem Ersten Weltkrieg war der Liniendampfer zwischen Southampton und New York unterwegs. Im Zweiten Weltkrieg war „Aquitania" wieder als Truppentransporter in Fahrt. Nach dem Krieg war das elegante Schiff, vielfach gerühmt als der schönste der Nordatlantik-„Greyhounds", wieder in zivilem Dienst. 1950 schließlich wurde das schöne Schiff zum Verschrotten verkauft.

„Aquitania", ein britischer Schnelldampfer, war 1914 das Flaggschiff der Cunard Steam Ship Co.

„Vaterland", ein Hapag-Dampfer von 1914, war nur für drei Reisen für die Reederei in Fahrt.

Bei Indienststellung 1914 überflügelte die „Vaterland" der Hapag, bei Blohm & Voss gebaut, die zur gleichen Klasse gehörige „Imperator" mit einer Länge von 289,55 Metern. Die Maschinenleistung betrug ebenso 61 000 PS. 1914 musste das Schiff wie viele andere aufgelegt werden. 1917, nach dem Eintritt der USA in den Krieg, wurde „Vaterland", die sich in New York befand, beschlagnahmt. Als „Leviathan" transportierte sie Truppen.

Nach dem Krieg wurde sie 1922 bei der Newport News Shipbuilding & Dry Dock Co. als Passagierdampfer wiederhergestellt und für die United States Lines eingesetzt, für die sie zwischen New York und Southampton unterwegs war. 1938 fand die letzte Fahrt statt. Die Reise führte nach Rosyth in Schottland, wo der Dampfer abgewrackt wurde.

Die „Cap Polonia" wie auch die kleinere „España" waren Fracht- und Passagierschiffe der Reederei Hamburg-Süd in der Südamerikafahrt. Zu Beginn des Krieges waren 1914 bei Blohm & Voss die Arbeiten an der 201,8 Meter langen „Cap Polonia" eingestellt worden. Als Hilfskreuzer „Vineta" 1915 für kurze Zeit in Dienst, wurde das Schiff 1919 nach London abgeliefert. 1921 erfolgte der Rückkauf durch Hamburg-Süd. Nach zehn Jahren Fahrt wurde das Schiff 1931 aufgelegt und verschrottet.

„España" wurde 1922 in Dienst gestellt, 1945 Kriegsbeute der Briten, an die UdSSR übergeben, gelangte 1973 nach Japan und wurde 1974 abgewrackt.

„Cap Polonia" war seit 1921, „España" seit 1922 in der Südamerikafahrt.

Der Ruhr-Industrielle Hugo Stinnes, der in seinem Konzern auch eine Kohlenschiffsreederei hatte, gründete 1921 die Hugo Stinnes Linie, die 1926 in der Hapag aufging. Der 1922 von der Marinewerft Wilhelmshaven abgelieferte Dampfer „Emil Kirdorf", 124,9 Meter lang und mit einer Leistung von 2000 PS, wurde für Fracht- und Passagierfahrten nach Ostasien sowie Mittel- und Südamerika eingesetzt. Bis zu 74 Menschen fanden in der 1. und 2. Klasse Platz. Die Mannschaft bestand aus 72 Mann.

1928, inzwischen ein Hapag-Dampfer, wurde dem Schiff eine Abdampfturbine eingebaut, wodurch die Leistung auf 3000 PS anstieg. Im Jahr 1929 erfolgte die erste Reise des Ostasiendampfers von Hamburg zur Westküste Südamerikas.

Ab 1932 war das Schiff als „Ardeal" unter rumänischer Flagge in Fahrt. 1942 wurde es vor Odessa von einem russischen U-Boot torpediert. Nach dem Krieg repariert, war die ehemalige „Emil Kirdorf" ab 1948 für die rumänische Staatsreederei in Dienst. 1962 wurde sie abgebrochen.

„Emil Kirdorf" war ab 1922 für die Hugo Stinnes Linie, ab 1926 für die Hapag in Dienst.

Für den Atlantikdienst bestellte der Norddeutsche Lloyd bei Schichau in Danzig einen Schnelldampfer. Mit dem Bau des Schiffs wurde vor 1914 begonnen; während des Kriegs ruhten die Arbeiten. 1922 lief „Columbus" vom Stapel und wurde bis 1923 in Bremerhaven fertiggestellt. Mit seinen 236,2 Metern und 28 000 PS war der Dampfer das größte Schiff der Handelsmarine.

Als 1928 der große Seebahnhof in Bremerhaven eingeweiht wurde, legte als erstes Schiff die „Columbus" an der neuen Columbuskaje an, die heute Anlegestelle für Container- und Kreuzfahrtschiffe ist.

1929 wurde das Schiff bei Blohm & Voss umgebaut und erhielt statt der beiden Kolbendampfmaschinen zwei Turbinensätze.

Am 19. Dezember 1939, auf der Heimreise von New York, wurde „Columbus" vom britischen Zerstörer „Hyperion" gestellt. Um das Schiff nicht übergeben zu müssen, setzte die Mannschaft es in Brand. Am nächsten Morgen versank die „Columbus" in den Fluten des Atlantiks.

„Columbus", ein NDL-Dampfer, war 1923 das größte Handelsschiff Deutschlands.

Für die Fahrten nach New York ließ die Hapag in den 1920er-Jahren bei Blohm & Voss vier Dampfer mit Öl-feuerung bauen: „Albert Ballin", „Deutschland", „Hamburg" und „New York". 1930 erhielten die Schiffe neue Maschinen, die nun 23 000 PS leiste-ten, und 1933 und 1934 ein längeres Vorschiff; die Länge betrug nun 206,3 Meter.

Die „Albert Ballin" musste auf Ver-langen der Nazis 1935 in „Hansa" umbenannt werden. Bei einer Evaku-ierungsfahrt in der Ostsee lief das Schiff auf eine Mine und kenterte. Ge-hoben und repariert, fuhr sie von 1953 bis 1981 als „Sovietsky Sojus" unter sowjetischer Flagge.

„Albert Ballin", 1923 in Dienst ge-stellt, war ein Hapag-Dampfer für die Nordatlantikfahrt.

Das Flottenabkommen von Washington 1922 war ein Abrüstungsvertrag zwischen den größten damaligen Seemächten. Die USA, Großbritannien, Frankreich, Italien und Japan verpflichteten sich zur Begrenzung ihrer Flotten.

So wurde der Bau des amerikanischen Schlachtschiffs „Lexington" 1922 gestoppt. Der Umbau zum 270,7 Meter langen Flugzeugträger mit Turbinenantrieb von 182 502 PS erfolgte 1927.

Zusammen mit dem Schwesterschiff „Saratoga", ebenfalls ein umgebautes Schlachtschiff, gehörte „Lexington" zu den ersten Flugzeugträgern der US Navy. Die Besat-

„Lexington" wurde 1927 vom Schlachtschiff zum Flugzeugträger der US Navy umgebaut.

zung bestand aus 2327 Mann, über 50 Flugzeuge führte die „Lexington" mit. Der Flugzeugträger konnte eine Höchstgeschwindigkeit von 32,5 Knoten erreichen.

Im Zweiten Wekltkrieg wurde die „Lexington" im Pazifik eingesetzt. Bei der Schlacht im Korallenmeer zur Abwehr der japanischen Besetzung Neuguineas 1942 wurde sie von Bomben und Torpedos getroffen, musste aufgegeben werden und wurde vom Zerstörer „Phelps" versenkt.

Durch das Flottenabkommen von 1922 war es Großbritannien gestattet, zwei neue Schlachtschiffe zu bauen, die „Rodney" und die „Nelson". 1922 wurden sie auf Kiel gelegt, 1927 in Dienst gestellt. Die 216,4 Meter langen Schiffe wurden von Turbinen mit einer Leistung von 45 625 PS angetrieben. Die Bewaffnung bestand aus neun Geschützen des Kalibers 40,6 cm, 18 Mittelartillerie-Geschützen und zwei Torpedorohren.

1943 wurde an Bord der „Nelson" der Waffenstillstand mit Italien unterzeichnet. Beide Schiffe unterstützten mit ihren Geschützen 1944 die Landung der Alliierten in der Normandie.

1949 wurden „Nelson" und „Rodney" abgebrochen.

„Nelson", ein Schlachtschiff der Royal Navy von 1927 bis 1949.

Der Turbinendampfer „Cap Arcona" war ein Luxusschiff der Sonderklasse und galt als die Königin des Südatlantiks. Das für 850 Passagiere vorgesehene, 205,9 Meter lange Schiff, angetrieben von 24 000 PS, wurde bei Blohm & Voss gebaut. Die Jungfernfahrt 1927 fand, wie bei den Cap-Schiffen der Hamburg-Süd üblich, nach La Plata statt.

1940 wurde „Cap Arcona" zum Wohnschiff der Kriegsmarine. Am 3. April 1945 wurde der Dampfer in der Lübecker Bucht durch britische Flugzeuge versenkt. Was die Piloten nicht wissen konnten: An Bord waren 6000 KZ-Häftlinge, über 5000 verloren ihr Leben.

„Cap Arcona", ein Turbinendampfer der Hamburg-Süd, war seit 1927 die Königin des Südatlantiks.

Der Luxusliner „Île de France", 1927 bei Chantiers et Ateliers de Saint-Nazaire für die Compagnie Générale Transatlantique gefertigt, setzte neue Maßstäbe in der Nordatlantikfahrt. Das 241,7 Meter lange Schiff, angetrieben von 60 000 PS, bot 1786 Passagieren Platz.

Nach Beginn des Kriegs wurde das Schiff als Truppentransporter an die Briten verchartert. Ab 1949 wieder in zivilem Dienst, rettete 1956 die „Île de France" 750 Überlebende der italienischen „Andrea Doria".

1959 zum Abwracken nach Japan verkauft, wurde der Luxusliner noch für den Film „Die letzte Reise" gechartert.

„Île de France", ein elegantes und luxuriöses Schiff, war von 1927 bis 1959 in Fahrt.

Der 286,1 Meter lange, ölgefeuerte Lloyd-Turbinendampfer „Bremen" mit seinen 100 000 PS wurde für 2278 Passagiere 1929 bei der AG Weser gebaut.

1929 errang „Bremen" auf West- und Ostkurs das Blaue Band. Bei Beginn des Kriegs 1939 erhielt das Schiff den Befehl, vorerst Murmansk anzulaufen. Drei Monate später gelang bei Nebelwetter der Blockadedurchbruch nach Bremerhaven. Nun wurde „Bremen" aufgelegt und zum Wohnschiff der Kriegsmarine. Bei der geplanten Invasion Englands war der Einsatz des Schiffs vorgesehen. 1941 vernichtete ein Brand den einst stolzen und schnellen Dampfer.

„Bremen", ein NDL-Dampfer, errang bei der Jungfernfahrt 1929 das Blaue Band.

Der Norddeutsche Lloyd stellte 1930 den ölgefeuerten Turbinendampfer „Europa" in Dienst, der bei Blohm & Voss gebaut worden war. Das 270,7 Meter lange Schiff mit seinen 105 000 PS konnte 2242 Passagiere befördern.

Bei der Jungfernfahrt nach New York errang die „Europa" mit einer durchschnittlichen Geschwindigkeit von 27,9 Knoten das Blaue Band.

Ab 1939 lag der Dampfer als Wohnschiff der Kriegsmarine in Wesermünde. Er sollte 1942 zum Flugzeugträger umgebaut werden; dieser Plan wurde nicht verwirklicht. 1945 wurde „Europa" zum amerikanischen Truppentransporter AP 177. 1946 wurde das Schiff an Frankreich übergeben und war als „Liberté" bis 1961 im Liniendienst. 1946 in Le Havre gesunken, wurde es wieder gehoben. 1962 wurde das Schiff abgewrackt.

„Europa", ein NDL-Dampfer, errang bei der Jungfernfahrt 1930 das Blaue Band.

Nach der ersten „Empress of Britain", die von 1906 bis 1930 in Fahrt war, nahm die Canadian Pacific Line das zweite Schiff dieses Namens 1931 in Dienst. Die neue „Empress" war bei John Brown & Co. in Clydebank, Schottland, gebaut worden. Das 231 Meter lange Schiff war mit Turbinen und vier Schrauben ausgestattet. Seine Geschwindigkeit betrug 24 Knoten. Es bot 1195 Passagieren, meist Auswanderern nach Kanada, Platz. Es verkehrte zwischen Southampton und Quebec.

Während des Kriegs als Truppentransporter genutzt, wurde der Dampfer am 26. Oktober 1940 südwestlich von Irland von einem deutschen Langstreckenbomber angegriffen und stark beschädigt. Zwei Tage später wurde das Schiff schließlich vom deutschen U-Boot U 32 versenkt.

Die schöne „Empress of Britain", die Kaiserin des Nordatlantiks, war eins von 57 Schiffen, die in diesem Oktober 1940 im Nordatlantik versenkt wurden. Die deutsche Kriegsmarine führte einen erbarmungslosen U-Boot-Krieg; in diesem Oktober verlor sie lediglich ein Boot.

„Empress of Britain" war ein Passagierdampfer, der ab 1931 zwischen England und Kanada verkehrte.

Der 1931 in Dienst gestellte französische Turbinendampfer „L'Atlantique" war die neue stolze Königin des Südatlantiks. Sie übertraf an Größe und Geschwindigkeit die deutsche Konkurrentin „Cap Arcona", die ab 1927 für die Reederei Hamburg-Süd im Südamerikadienst fuhr.

Die 218 Meter lange und 55 000 PS starke „L'Atlantique" war bei Chantiers et Ateliers de Saint-Nazaire für die Compagnie de Navigation Sud-Atlantique gebaut worden.

Im Januar 1933 brach im Englischen Kanal an Bord der „L'Atlantique" ein Brand aus. Der Stinnes-Passagierdampfer „Ruhr" rettete 86 Seeleute. Der deutsche Dampfer wurde zehn Jahre später vor Palermo durch ein britisches U-Boot versenkt.

Nach neun Südamerikareisen fuhr der majestätische Turbinendampfer zur gründlichen Überholung nach Le Havre. Aus unbekannten Gründen brach an Bord ein Feuer aus. Marineschiffe und Rettungsschlepper brachten danach das einst so schöne Schiff nach Cherbourg, wo es bis 1936 als Wrack lag und schließlich verschrottet wurde.

„L'Atlantique", ein französischer Passagierdampfer, war ab 1931 die Königin des Südatlantiks.

In Italien wurden 1931 zwei Passagierschiffe in Dienst gestellt, die 1927 bestellt worden waren – von den Konkurrenten Lloyd Sabaudo in Genua die „Conte di Savoia", von der Navigazione Generale Italiana die „Rex", beide für die Nordatlantikfahrt. Inzwischen hatten sich die Reedereien zur Italian Line zusammengeschlossen.

„Rex", bei Ansaldo in Genua gebaut, war mit einer Länge von 268 Metern und mit 136 000 PS das größte und schnellste Schiff Italiens. 2258 Passagiere konnten Platz an Bord finden.

Bei der Jungfernfahrt erlitt „Rex" einen Schaden an der Maschinenanlage und kam in langsamer Fahrt in New York an. 1933 errang „Rex" mit einer Geschwindigkeit von 28,92 Knoten das Blaue Band.

1940 wurden „Rex" und „Conte di Savoia" außer Dienst gestellt. Es gab Pläne, die „Rex" zu einem Flugzeugträger der italienischen Kriegsmarine umzubauen. Beide Schiffe wurden gegen Ende des Kriegs bei Luftangriffen versenkt. Die „Conte" wurde 1945 gehoben und war bis 1950 in Fahrt, die „Rex" konnte nicht gehoben werden und wurde abgebrochen.

„Rex" war ab 1931 das größte und schnellste Handelsschiff Italiens.

Durch die Weltwirtschaftskrise vergingen vier Jahre von der Kiellegung 1931 bis zur Indienststellung 1935 des Turbinen-Schnelldampfers „Normandie", der bei Chantiers et Ateliers de Saint-Nazaire für die Compagnie Générale Transatlantique gebaut worden war. Das Schiff für 1975 Passagiere war 313,75 Meter lang, die Turbinen leisteten 165 000 PS. Bei der ersten Atlantikfahrt 1935 und nochmals 1937 errang die „Normandie" das Blaue Band.

„Normandie" war ein Schnelldampfer, der schon auf seiner ersten Fahrt 1935 das Blaue Band errang.

Beim Einmarsch der Deutschen in Frankreich 1941 rettete sich das Schiff in die USA. Bevor es als Truppentransporter „Lafayette" eingesetzt werden konnte, brannte es 1942 im Hafen von New York aus. Durch die großen Mengen von Löschwasser sank das Schiff.

Cunard, seit 1935 mit der White Star Line vereinigt, ließ 1938 bei John Brown in Clydebank als Partnerin für die „Queen Mary" (Seite 142) die „Queen Elizabeth" bauen. Doch das 314,25 Meter lange Schiff mit seinen 160 000 PS wurde zunächst als Truppentransporter in Dienst genommen. Dabei fuhr „Queen Elizabeth" ohne Begleitschutz, weil sie mit ihrer Geschwindigkeit von 29 Knoten den Feinden entkommen konnte.

Ab 1946 war sie in der zivilen Fahrt zwischen Southampton und New York unterwegs. Ab 1965 diente sie auch als Kreuzfahrtschiff, wofür sie umgebaut wurde. 1968 außer Dienst, wechselte sie die Eigner, war in Hongkong die Seawise University und brannte 1972 aus.

„Queen Elizabeth" war ab 1938 als Truppentransporter, ab 1946 als Passagierschiff in Fahrt.

Bei Indienststellung 1940 war die bei Blohm & Voss gebaute „Bismarck" mit ihrer Länge von 248 Metern, mit ihrer Turbinenleistung von 138 000 PS und mit ihren 36 Geschützen das größte und stärkste Schiff der deutschen Kriegsmarine.

Im Mai 1941 lief „Bismarck" zusammen mit „Prinz Eugen" zum Handelskrieg in den Atlantik aus. Bei einem Gefecht in der Dänemarkstraße vernichtete sie den briti-

„Bismarck" war 1940 das größte und stärkste Schiff der deutschen Kriegsmarine.

schen Schlachtkreuzer „Hood". Nachdem ein Treffer durch ein Torpedoflugzeug die „Bismarck" manövrierunfähig geschossen hatte, ging das Schiff am 27. Mai 1941 im Gefecht unter. 115 Mann wurden gerettet, 2130 verloren ihr Leben.

Die Schiffe der Iowa-Klasse, zu der „Missouri" gehörte, waren die größten, schnellsten und letzten Schlachtschiffe, die für die US Navy gebaut wurden. „Missouri" wurde 1944 auf der Marinewerft in New York fertiggestellt. Das Schiff war 270,45 Meter lang und mit 29 Geschützen bestückt, die Maschinenleistung betrug 214 947 PS.

Mit den drei Schwesterschiffen war „Missouri" im Pazifik eingesetzt. An Bord der „Missouri" unterzeichnete Japan am 2. September 1945 seine Kapitulation.

Während der Kriege um Korea und Vietnam wurden „Missouri" und ihre Schwestern reaktiviert. Aber die Zeit der Schlachtschiffe war zu Ende gegangen. Sie wurden außer Dienst gestellt.

„Missouri" war 1944 eines der letzten für die US Navy gebauten Schlachtschiffe.

Der unaufhaltsame Vormarsch der Motorschiffe begann nach dem Zweiten Weltkrieg. Die Zeit der Dampfschiffe neigte sich ihrem Ende entgegen. Die letzten Dampfturbinenschiffe wurden in Dienst gestellt: 1952 als Höhepunkt die legendäre „United States" (Seite 143), ein Jahr später die „Andrea Doria", die ein tragisches Schicksal erlitt.

Dieses Schiff war das erste nach dem Krieg in Italien gebaute Passagierschiff für den Liniendienst von Genua nach New York. Das elegante 192 Meter lange Schiff für 1241 Passagiere war 1953 von der Ansaldo-Werft in Genua an die Italian Line, ebenfalls in Genua, abgeliefert worden.

„Andrea Doria" war 1953 der erste neue italienische Atlantik-Liniendampfer.

„Andrea Doria" war als Luxusschiff konzipiert und erreichte, von Getriebeturbinen angetrieben, eine Geschwindigkeit von 26 Knoten.

Auf ihrer 51. Reise über den Atlantik wurde sie am 25. Juli 1956 vor Boston nahe der Insel Nantucket im Nebel von der „Stockholm" der Swedish-American Line gerammt. Bei der Kollision starben 43 Menschen. Am nächsten Tag sank „Andrea Doria".

Museums- und Nostalgiedampfer

„Geliebte Schiffe, wie ein Traum vergangen, / Sie sind dahin, kein Seufzen hilft und Klagen. / Und doch, im Winschenlärm und Dampferrauch / Bewegt Erinnerung ein Sehnsuchtshauch: / Mit vollen Segeln über See zu jagen!"

Diese Verse aus der Anthologie „Westward-Ho!" von Kapitän Ludwig Albrand sind ein Abgesang auf die große Zeit der Segelschiffe. Inzwischen ist auch die Epoche der Dampfer zu Ende gegangen.

„Stadt Luzern", Baujahr 1928, Flaggschiff der Raddampferflotte der Schifffahrtsgesellschaft des Vierwaldstättersees.

In Bildern und Büchern ist die Zeit der Segel- und Dampfschifffahrt zur bleibenden Erinnerung aufbewahrt. Und in den Schifffahrtsmuseen wird diese Zeit wieder lebendig, nicht nur durch die ausgestellten Nautiquitäten. Oft sind in den Museumshallen, auf den Freigeländen oder in den Museumshäfen komplette Schiffe zu besichtigen. Allein in Deutschland gibt es über 400 Museums- und Traditionsschiffe.

Volle Segel und Dampferrauch sind bei den maritimen Veranstaltungen, die unzählige Menschen anlocken und begeistern, zu erleben. Die Eigner der Traditionsschiffe – Museen, Vereine und andere Institutionen, auch leidenschaftliche Schiffsliebhaber – scheuen weder immense Kosten noch intensiven Aufwand, um ihre Segler und Dampfer fahrtüchtig zu halten. So bleiben dem staunenden Publikum und den folgenden Generationen diese technischen und kulturellen Denkmäler erhalten.

Auf Flüssen und Seen dienen historische Dampfer immer noch dem Vergnügen der vielen Fahrgäste. In Dresden ist die größte Raddampferflotte der Welt beheimatet. Auch die Dampfer auf den schweizerischen Seen sind Attraktionen für die Touristen.

Eine Auswahl der Museums- und Traditionsdampfer wird auf den folgenden Seiten vorgestellt.

Der Schraubendampfer „Great Britain", 1844 von Isambard Kingdom Brunel auf seiner Werft in Bristol gebaut, war 98,5 Meter lang, hatte eine Maschinenleistung von 1014 PS, trug zusätzlich an seinen sechs Masten eine Segelfläche von 4480 Quadratmetern und wurde „Mammut des Ozeans" genannt. Brunel hatte 1838 schon die „Great Western" (Seite 14) gebaut, 1860 baute er die „Great Eastern" (Seite 23).

Die „Great Britain" war das damals größte eiserne Schiff mit Schraubenpropellern. Die sechs Masten wurden später auf drei reduziert. Vor allem im Atlantikverkehr eingesetzt, wurde der Dampfer 1886 vor Kap Hoorn schwer beschädigt, bis 1937 nur noch als Lagerschiff benutzt und dann auf Grund gesetzt.

Aber das einst so stolze und tüchtige Schiff sollte nicht dem Meer anheimgegeben bleiben. Die „Great Britain" als Schöpfung des genialen Brunel sollte der Nachwelt erhalten

bleiben. 1971 wurde das Schiff gehoben und nach Bristol, wo seine erste Fahrt begonnen hatte, verbracht. Am Great Western Dockyard hat es seinen letzten Liegeplatz als Museumsschiff.

„Great Britain", 1844 von Brunel erbauter Schraubendampfer, ist in Bristol zu besichtigen.

Mit dem Panzerschiff „Gloire", aus Holz gebaut und mit Stahl gepanzert, hatte Frankreich 1859 eine neue Art Kriegsschiff in Dienst gestellt. Großbritanniens Antwort waren die „Warrior" und das Schwesterschiff „Black Prince".

„Warrior", 1861 bei Thames Ironworks & Shipbuilding Co. in Blackwell gebaut, steht in der Tradition der berühmten Blackwell-Fregatten. 127 Meter lang, mit einer Leistung von 1250 PS, war die gepanzerte Dampffregatte zusätzlich als Vollschiff getakelt und hatte eine Segelfläche von etwa 3600 Quadratmetern.

Durch die rasante technische Entwicklung war „Warrior" gut zehn Jahre später nur im Küstenwachdienst eingesetzt. 1883 ausgemustert, 1978 restauriert, ist „Warrior" nun ein Museumsschiff und liegt an der Victory Gate in der H. M. Naval Base, Portsmouth.

Das damals modernere niederländische Panzer-, Turm- und Rammschiff „Buffel", 1862 in Schottland gebaut, ist als Museumsschiff im Leuvehaven, Rotterdam, zu sehen.

„Warrior", eine britische Dampffregatte von 1861, ist heute ein Museumsschiff in Portsmouth.

*„Stadt Wehlen",
Baujahr 1879, ist
der älteste Rad-
dampfer der
Sächsischen
Dampfschiffahrt.*

Die „Stadt Wehlen", 1879 auf der Werft Blasewitz der Sächsisch-Böhmischen Dampfschiffahrt A. G. Dresden gebaut, ist der älteste in Dienst befindliche Raddampfer der Weißen Flotte Dresdens. Als Glattdeckdampfer „Dresden" hatte das 59,2 Meter lange Schiff eine Zwillingsmaschine, die 1915 in eine Verbundmaschine mit 180 PS umgebaut wurde, die immer noch in Betrieb ist. Sie wird mit extra-leichtem Heizöl befeuert.

1926 wurde „Dresden" für 300 Fahrgäste umgebaut und in „Mühlberg" umbenannt. 1962, nach dem Aufbau des Oberdecks, erhielt der Raddampfer den Namen „Stadt Wehlen".

Wie die anderen Dampfer der Sächsischen Dampfschiffahrts GmbH & Co. in Dresden, Eignerin der ältesten und größten Raddampferflotte der Welt, ist „Stadt Wehlen" auf der Elbe mit frohgemuten Ausflüglern unterwegs. Die Fahrten führen in die Sächsische und Böhmische Schweiz, entlang der Sächsischen Weinstraße. Stadtrundfahrten und Schlösserfahrten werden veranstaltet, die Schiffe werden bei vielfältigen Sonder- und Charterfahrten eingesetzt.

Außer den hier gezeigten oder erwähnten Schiffen gehören noch die Raddampfer „Meissen", 1885, „Pillnitz", 1886, „Kurort Rathen", 1896, „Pirna", 1898, „Dresden", 1926, „Leipzig", 1929, und Motorschiffe zur Flotte.

1892 als Glattdeckdampfer „Tet-
schen" von der Werft Blasewitz abgeliefert, erhielt das Schiff 1946 den
neuen Namen „Krippen". Unter
Denkmalschutz seit 1980 verblieb es
18 Jahre an Land, wurde dann nach
Lüneburg verkauft, rekonstruiert, wei-
terverkauft und von 1997 bis 1999 an
die KD Köln-Düsseldorfer Rhein-
schiffahrt verchartert.

„Krippen", 56,1 Meter lang und mit
einer 110 PS-Dampfmaschine, kann
wie viele Dampfer den Schornstein
umklappen, um unter Brücken hin-
durchzufahren.

Im Jahr 2000 kehrte der Raddampfer nach Dresden zurück. Ähnlich in
der Bauweise ist der in Fahrt befindliche Dampfer „Diesbar" von 1884.

*„Krippen", ein 1892 gebauter sächsi-
scher Raddampfer.*

Das erste Dampfturbinenschiff erbaute Charles Algernon Parsons 1894 auf der Werft von Brown & Hood in Wallsend. Die Yacht „Turbinia" war 31,5 Meter lang, die drei Dampfturbinen leisteten 960 PS, die Geschwindigkeit betrug 34,5 Knoten.

Als beim 60. Thronjubiläum Queen Victorias 1897 ein Wettrennen zwischen den neuen, 27 Knoten schnellen Zerstörern veranstaltet wurde, überholte die „Turbinia" die Kriegsschiffe. Die „Times" entschuldigte das respektlose Verhalten mit der immensen Bedeutung der neuen Erfindung.

Im Tyne & Wear Museum in Newcastle-upon-Tyne ist „Turbinia" aufbewahrt.

„Turbinia", 1894 das erste Turbinenschiff der Welt, ist im Museum in Newcastle-upon-Tyne zu sehen.

„Olympia", amerikanischer Kreuzer von 1895, liegt an Penn's Landing in Philadelphia.

„Olympia" war während des Kriegs gegen Spanien an der Seeschlacht in der Bucht von Manila 1898 beteiligt. Sie war das Flaggschiff von Kommodore Dewey, der mit insgesamt vier Kreuzern, zwei Kanonenbooten und einem Zollschiff die spanische Seemacht im Pazifik besiegte.

Im Ersten Weltkrieg fuhr „Olympia" Geleitschutz im Atlantik.

Der geschützte Kreuzer zweiter Klasse wurde 1895 in San Francisco gebaut und auf den Namen „Olympia" getauft. 104,9 Meter lang, 17 313 PS stark, war der Kreuzer mit vier Geschützen des Kalibers 20,3 cm, zehn Geschützen des Kalibers 12,7 cm und sechs Torpedorohren bestückt. Die Besatzung bestand aus 411 Mann.

Im Russischen Bürgerkrieg war sie in Murmansk Flaggschiff der alliierten Streitkräfte gegen Räterussland, dann Flaggschiff des amerikanischen Geschwaders in Schwarz- und Mittelmeer.

1922 außer Dienst gestellt, ist der Kreuzer seitdem Museumsschiff und nationales Denkmal der USA.

Als eines der wenigen russischen Schiffe entging der Kreuzer „Aurora" 1905 in der Seeschlacht bei Tsushima der Vernichtung durch die Japaner.

Der 126,8 Meter lange und 11 610 PS starke Kreuzer war 1900 auf der Galernij-Werft in St. Petersburg gebaut worden.

Am 25. Oktober 1917 alter russischer Zeitrechnung gab „Aurora" durch einen Signalschuss das Zeichen zum Sturm auf das Winterpalais, Sitz der Regierung im damaligen Petrograd. Während der Oktoberrevolution wurden die Anordnungen Lenins und der Sowjets per Funk von der „Aurora" gesendet.

Nach dem Ende der Sowjetunion gab es Bestrebungen, das Schiff zu verschrotten, die aber keinen Erfolg hatten.

„Aurora", russischer Kreuzer von 1900, liegt als Museumsschiff am Newa-Ufer in St. Petersburg.

Während des Russisch-Japanischen Kriegs 1904/05, der mit dem Überfall auf die russische Pazifikflotte in Port Arthur begann, war die japanische „Mikasa" im Einsatz.

Dieses Schlachtschiff aus der Zeit vor den Dreadnoughts war 1901 bei Vickers Sons & Maxim in Barrow-in-Furness, England, gebaut worden. Es war 131,7 Meter lang, die Doppelschraube wurde von einer Dreifachexpansions- maschine mit 25 000 PS angetrieben, die Geschwindigkeit lag bei 18,6 Knoten.

Nach dem Eintreffen eines neuen russischen Geschwa- ders, zu dem auch die „Aurora" gehörte, kam es 1905 zur entscheidenden Seeschlacht von Tsushima. „Mikasa" war das Flaggschiff von Vizeadmiral Togo. Von der Brücke der „Mikasa" wurde das Signal gehisst: „Das Schicksal des Reichs hängt vom Ausgang dieser Schlacht ab ..." Fast alle russischen Schiffe wurden vernichtet.

Bei den Reparaturarbeiten nach der Schlacht explodierten die Mu- nitionsräume der „Mikasa", die kenterte.

Wieder gehoben, war das Schlachtschiff bis 1922 in Dienst. Seitdem ist es nationales Denkmal und Museumsschiff.

„Mikasa", japanisches Schlacht- schiff von 1901, liegt im Hafen Yo- kosuka auf Honshu.

Die „Unterwalden" gehört zur Dampferflotte der Schifffahrtsgesellschaft des Vierwaldstättersees. Der schmucke Salondampfer, 1902 bei Escher-Wyss & Cie. in Zürich gebaut, ist 61 Meter lang, 650 PS stark und bietet 800 Fahrgästen Platz. Zur Flotte der SGV-Nostalgiedampfer zählen die schönen historischen Seitenraddampfer mit den stolzen Namen „Uri", Baujahr 1901, „Schiller", 1906, „Gallia", 1913, und „Stadt Luzern", 1928 (Seite 118).

Diese Raddampfer verbinden als Fahrgastschiffe die Orte am wunderschönen See, sind Ausflugsschiffe für die begeisterten Touristen aus aller Welt und können als Event- oder Konferenzschiffe gechartert werden.

Der Salondampfer „Blümlisalp", 1906 bei Escher-Wyss & Cie. in Zürich gebaut, 63,45 Meter lang und mit 650 PS Dampfkraft angetrieben, kann bis zu 800 Passagiere befördern.

1971 schien das schöne Schiff dem Abbruch geweiht. Doch die Genossenschaft Vaporama, die das Schweizerische Dampfmaschinen-Museum in Thun betreibt, rettete den Seitenraddampfer und renovierte ihn von 1989 bis 1992. So erlebte die „Blümlisalp" nach ihrer Wiederauferstehung ihre zweite Jungfernfahrt auf dem Thunersee.

Auf dem benachbarten Brienzersee ist der Seitenraddampfer „Lötschberg", Baujahr 1914, in Fahrt.

„Blümlisalp", Baujahr 1906, ist ein Traditionsdampfer, der auf dem Thunersee in Fahrt ist.

Für den öffentlichen Personennahverkehr und den Fracht-
transport auf der Flensburger Förde wurde als erstes Schiff
1866 die „Seemöwe" eingesetzt. 1908, als die „Alexandra", gebaut auf der Schiffswerft & Maschinenfabrik, vormals Janssen & Schmilinsky, Hamburg, dazukam, bestand
die Flotte der Vereinigten Flensburg-Ekensunder und Son-
derburger Dampfschiffs-Gesellschaft aus 20 Schiffen.

Für die Olympischen Spiele 1936 und 1972 war „Alexandra" das Regattabegleitschiff.

Ein Förderverein hat sich des 33,62 Meter langen Salon-
dampfers mit seiner Dampfmaschine von 420 PS ange-
nommen. Die tadellos renovierte „Alexandra" läuft mit begeisterten Fahrgästen zu Fördefahrten aus. Der Liegeplatz
der „Alexandra" ist unweit des Museumshafens in der
Nähe des Flensburger Schifffahrtsmuseums.

Nicht weit von Flensburg entfernt, in Kiel, liegt an der
Museumsbrücke der letzte seegehende kohlebefeuerte
Dampfer Deutschlands. Es ist der Tonnenleger „Bussard",
Baujahr 1905, der erst 1979 außer Dienst gestellt wurde.

*„Alexandra", ein Salondampfer von 1908, hat seinen Lie-
geplatz an der Schiffbrücke Flensburg.*

Wie der Salondampfer „Alexandra" wurde der Peil- und Bereisungsdampfer „Schaarhörn" 1908 bei der Schiffs- werft und Maschinenfabrik, vormals Janssen & Schmilinsky, in Hamburg gebaut. Der 41,7 Meter lange Dampfer mit 824 PS wurde im Ersten Weltkrieg der Marine unterstellt. Damals diente der Dichter Joachim Ringelnatz auf der „Schaarhörn".

1925 wurde der Dampfer nach Cuxhaven verlegt und 1972 ausgemustert. Ein Verein nahm sich des Schiffs, dessen Dampfmaschine für Kohlebefeuerung erhalten geblieben war, an und renovierte es liebevoll. Unter Dampf geht es auf Sonder- und Charterfahrten. Bei großen maritimen Ereignissen wie dem „Hamburger Hafengeburtstag" ist der traditionsreiche Zweischraubendampfer „Schaarhörn" eine der Attraktionen.

„Schaarhörn", ein Dampfer von 1908, hat seinen Liegeplatz an der Norderelbstraße in Hamburg.

Der schmucke Zweideck-Salondampfer „La Suisse", 1910 bei Sulzer in Winterthur gebaut, 78,5 Meter lang und mit 1450 PS ausgestattet, ist immer noch mit bis zu 1200 Passagieren auf dem Lac Léman, dem Genfersee, unter Dampf in Dienst.

Das Jugendstil-Ambiente des Schiffs und die bezaubernde Landschaft, die den See umkränzt, bleiben für jeden Fahrgast unvergesslich.

Außer der „La Suisse" hat die Reederei, die Compagnie Générale de Navigation sur le Lac Léman, Lausanne, acht aktive Veteranen, zum Teil mit Dampfantrieb, und acht moderne Motorschiffe in ihrer weißen Flotte von Lausanne.

„La Suisse", Jugendstil-Seitenraddampfer von 1910, ist auf dem Genfersee in Fahrt.

Für die Königlich Württembergische Staatseisenbahn 1912 bei Escher-Wyss & Cie. in Zürich gebaut, ergänzte der Salondampfer „Hohentwiel" das Schienennetz zu Lande für den Personenverkehr auf dem Bodensee. Das 56,85 Meter lange Schiff mit seinen 950 PS gehörte immer der Eisenbahn, zuletzt ab 1952 der Deutschen Bundesbahn. 1962 aufgelegt, wurde der Seitenraddampfer von 1986 bis 1990 von Grund auf restauriert. Der Internationale Verein Bodensee-Schifffahrtsmuseum betreibt die „Hohentwiel" und führt von Mai bis Oktober öffentliche und Charterfahrten auf dem Bodensee durch.

Auf einige andere in Fahrt befindliche Seitenraddampfer sei hier hingewiesen. Auf dem Traunsee in Österreich fährt „Gisela", Baujahr 1872. Von Lauenburg an der Elbe verkehrt „Kaiser Wilhelm" von 1900. Auf der Ostsee und im Nord-Ostsee-Kanal ist „Freya", 1905 in den Niederlanden gebaut, in Fahrt. „Ludwig Feßler", ein Seitenraddampfer auf dem Chiemsee aus dem Baujahr 1926, wurde allerdings 1973 zum Motorschiff umgebaut.

„Hohentwiel", ein Salondampfer von 1912, hat seinen Heimathafen in Hard am Bodensee.

„Graf Goetzen", ein deutscher Dampfer von 1913, fährt heute als „Liemba" auf dem Tanganjikasee.

Auf Befehl von Kaiser Wilhelm II. wurde 1913 auf der Meyer Werft in Papenburg der Dampfer „Graf Goetzen" gebaut. Das 67 Meter lange und 500 PS starke Schiff sollte auf dem Tanganjikasee in Deutsch-Ostafrika Flagge zeigen. Nach der Taufe wurde das Schiff zerlegt, in 5000 Kisten verpackt, mit der Bahn nach Hamburg, per Schiff nach Daressalam, von dort mit der Bahn und weiter mit Trägerkolonnen zum See transportiert, in Kigoma unter der Aufsicht von drei Mann der Werft zusammengebaut. „Graf Goetzen" beförderte Passagiere und Fracht, wurde im Ers-

ten Weltkrieg mit drei Geschützen des Kleinen Kreuzers „Königsberg", der sich nach Gefechten an der Küste selbstversenkt hatte, ausgerüstet.

1916, als die deutschen Truppen Kigoma aufgeben mussten, wurde die zerstörerische Selbstversenkung der „Graf Goetzen" befohlen. Doch die gewitzten Papenburger schmierten die Maschinen ein, füllten das Schiff mit Sand und setzen es auf Grund. Die Belgier hoben das Schiff, das während eines Sturms 1920 sank. Die Briten setzten den Dampfer 1927 instand und gaben ihm den Namen „Liemba". Noch heute ist das Schiff, nun mit einem Dieselmotor, in Fahrt.

C. S. Forester ließ sich von „Graf Goetzen" zum Roman „African Queen" (1935) inspirieren, der 1951 verfilmt wurde. Alex Capus schrieb den Roman zum Dampfer: „Eine Frage der Zeit" (2007).

Der prächtige Seitenraddampfer „Goethe" der KD Köln-Düsseldorfer Deutsche Rheinschifffahrt AG ist der letzte Dampfer auf dem Rhein. Das ursprünglich als Halbsalon-Güterschiff 1913 bei Gebr. Sachsenberg in Köln-Deutz gebaute Schiff wurde 1925 zum Doppeldeck-Salonschiff umgebaut. 1945 wurde „Goethe" durch eine Bombe versenkt, später gehoben und neu aufgebaut, eine neue Dampfmaschine mit 750 PS eingebaut. Mit Fahrgästen aus aller Welt ist „Goethe" auf dem romantischen Rhein unterwegs. Die Fahrten werden zwischen Koblenz und Rüdesheim durchgeführt, vorbei an der Loreley.

Der letzte Dampfschiff-Neubau der KD war 1926 die „Mainz". Seit 1985 dient der Dampfer als „Mannheim" dem Landesmuseum für Technik und Arbeit in Mannheim als Museum.

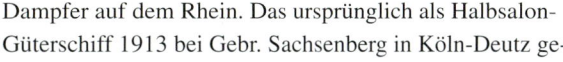

„Goethe", der letzte Dampfer auf dem Rhein, befördert seit 1913 Fahrgäste im Tal der Burgen und Berge.

Die großen Schiffe wären in den Häfen hilflos, wenn es nicht die kräftigen Schlepper gäbe. Einige der historischen Dampfschlepper sind erhalten geblieben, zum Beispiel die fahrtüchtigen „Volldampf", Baujahr 1896, im Hafen des Technikmuseums in Berlin, „Fortuna", 1909, beim Schiffshebewerk Henrichenburg, wo auch die belgische „Tenniers", 1909, ihre Heimat hat, „Sachsenwald", 1914, im Museumshafen Potsdam.

Vom Museumshafen Oevelgönne in Hamburg läuft zu Sonderfahrten „Claus D." aus. Der 17,76 Meter lange Schleppdampfer mit seinen 220 PS wurde 1913 bei der Schiffswerft & Maschinenfabrik, vormals Janssen & Schmilinsky, in Hamburg gebaut.

„Claus D.", ein Schleppdampfer von 1913, ist in Oevelgönne beheimatet.

Mit Schleppern wurde das Schlachtschiff „Texas" zu seinem Liegeplatz im Hafen von Galveston, Texas, bugsiert. Hier dient das ausgediente Schiff als Denkmal und Museum.

„Texas" und das Schwesterschiff „New York" waren die ersten Super-Dreadnoughts der US Navy. 1914 wurden die 174,6 Meter langen Schiffe in Dienst gestellt. Die Überlegungen zum Einbau von Dampfturbinen wurden wieder aufgegeben. Mit Turbinen hätten die Schiffe bei einer Geschwindigkeit von 12 Knoten nur eine Reichweite von 5600 Seemeilen gehabt. Mit der Kolbendampfmaschine aber wuchs die Reichweite auf 7060 Seemeilen, bei 10 Knoten sogar auf 10 000 Seemeilen. Die Dreifach-Expansionsmaschine leistete 28 490 PS.

Bestückt waren „Texas" und „New York" mit zehn Geschützen des Kalibers 35,5 cm, 21 Geschützen des Kalibers 12,7 cm und mit vier Torpedorohren. Mitte der 1920er-Jahre, nach zehn Jahren Dienst, wurden die beiden

„Texas", ein Super-Dreadnought von 1914, liegt heute im Hafen von Galveston, Texas.

Schiffe modernisiert. Die Besatzung bestand aus 1040 Mann. Als erstes amerikanisches Schlachtschiff erhielt „Texas" Flugplattformen.

Mit vier anderen Großkampfschiffen wurden „Texas" und „New York" 1917 zur britischen Grand Fleet abkommandiert. Nach seiner Modernisierung diente „Texas" ab 1941 zur Deckung von Konvois im Atlantik.

Der Fahrgastdampfer „Skjelskør",
1915 auf der J. Ring Andersens Skibs-
vaerft in Svendborg gebaut, geht dank
des Dansk Veteranenskibsklubb noch
heute mit Passagieren auf Fahrt. Das
hübsche Schiff, 20,6 Meter lang, wird
immer noch von einer Dampfmaschine mit 75 PS angetrieben. Bis 125
Gäste gehen mit seiner Besatzung von
drei Mann auf nostalgische Touren im
schönen Roskildefjord, der sich von
der Wikinger- und Königsstadt Roskilde im Süden über Frederikssund
bis nach Hundested gegenüber von
Rørvig erstreckt. Manchmal begegnet
dem Dampfer ein Wikingerschiff,
einer der Nachbauten vom Museum in
Roskilde.

*„Skjelskør", ein Passagierdampfer
von 1915, hat seinen Heimathafen in
Frederikssund, Dänemark.*

„Gredo", ein Dampfschlepper von 1916, fährt seit 2007 unter Dampf auf dem Lago Maggiore.

in Mannheim und in Andernach im Einsatz, wo er in den 1960er-Jahren stillgelegt wurde. Etwa 20 Jahre dümpelte „Gredo" an verschiedenen Liegeplätzen.

1986 entdeckte Hans-Werner Dörich, der sich im Museum Großauheim in Hanau am Main um die Dampfmaschinen kümmert, den Dampfer, unterzog ihn einer gründlichen Renovierung und nahm ihn wieder in Fahrt. Bis 2007 war „Gredo" der letzte Dampfer auf dem Main. Mit bis zu 12 Fahrgästen wurden Vergnügungsfahrten unternommen.

Weil es im Hanauer Hafen keinen Liegeplatz mehr für „Gredo" gab, wurde sie an eine Eignergemeinschaft verkauft und auf einem Tieflader zum Lago Maggiore geschafft, wo sie wieder unter Dampf in Fahrt ist.

Auf der Bodan-Werft in Kressbronn am Bodensee wurde 1916 ein Dampfschlepper gebaut, 15,6 Meter lang und 62 PS stark. Als „Christel" diente der Schlepper bis 1945 im Dortmunder Hafen. Ein neuer Eigner gab ihm den neuen Namen „Gredo" nach den Namen seiner Töchter Grethel und Dora. Der Dampfer wechselte die Eigner, war

Für den Bayerischen Lloyd in Regensburg war der 61,6 Meter lange Seitenrad-Schleppdampfer „Ruthof" 1923 auf der Werft Chr. Ruthof, Werk Regensburg, gebaut worden. Mit seinen 800 PS schleppte er Kähne auf der Donau. 1944 lief der Dampfer bei Érsekcsanád auf eine Mine und sank. Zwölf Jahre später wurde das Schiff gehoben und als „Érsekcsanád" wieder auf der Donau in Betrieb genommen. 1976 in Budapest aufgelegt, wurde es vom Verein Schifffahrts-Museum Regensburg erworben, restauriert und als Museum der Donauschifffahrt genutzt. Neben der „Ruthof" liegt der Motorschlepper „Freudenau", Baujahr 1941.

„Ruthof", ein Donau-Schleppdampfer von 1923, ist ein Museumsschiff an der Werftstraße in Regensburg.

Der 1933 bei den Stettiner Oderwerken gebaute Dampfeisbrecher „Stettin" ist 51,8 Meter lang und 2200 PS stark. Bis 1945 hielt „Stettin" das Fahrwasser von Swinemünde, die Fahrt zum Stettiner Haff und die untere Oder offen. Bei Kriegsende dampfte sie mit 250 Flüchtlingen an Bord und dem Eisbrecher „Preußen" im Schlepp nach Kiel. Unterwegs wurde das gesamte hölzerne Mobiliar verfeuert.

Bis 1981 in Dienst, wurde das technische Denkmal, um das sich ein Förderverein kümmert, bei Blohm & Voss instand gesetzt. Bei maritimen Veranstaltungen geht „Stettin" mit Passagieren auf Fahrt.

Auf derselben Werft wie „Stettin" wurde 1938 der Dampfeisbrecher „Wal" gebaut. Bis 1989 war „Wal" in Dienst. Heute geht er vom Alten Hafen in Bremerhaven auf Fahrt.

„Stettin", 1933 gebauter Eisbrecher, hat seinen Heimathafen in Hamburg-Oevelgönne.

Die Cunard Line benötigte ein neues Passagierschiff für die Nordatlantikfahrt. „Queen Mary" wurde als Turbinen-Schnelldampfer 1930 auf Kiel gelegt. Die Weltwirtschaftskrise verzögerte den Bau des Schiffs. 1934 fusionierte Cunard mit der White Star Line, eine Bedingung für Regierungskredite, mit denen der Bau endlich vollendet wurde. Die 310,3 Meter lange „Queen Mary" für 2139 Passagiere hatte vier Propeller, die von Getriebeturbinen mit einer Leistung von 160 000 PS angetrieben wurden.

Die Jungfernreise begann am 27. Mai 1936 in Southampton und führte nach New York. Im August diesen Jahres übernahm „Queen Mary" das Blaue Band von der „Normandie", die es im Folgejahr zurückeroberte, um es 1938 wieder an „Queen Mary" zu verlieren, die es behielt, um es 1952 an die „United States" weiterzugeben.

Im Zweiten Weltkrieg wurde „Queen Mary" als Truppentransporter eingesetzt, wobei sie bis zu 16 683 Mann an Bord hatte.

Ab 1947 war das Schiff wieder in ziviler Fahrt zwischen Southampton und New York. Die letzte Fahrt führte „Queen Mary" 1967 nach Long Beach in Kalifornien, wo sie aufgelegt wurde und als Museum, Hotel und Konferenz-Center dient.

„Queen Mary", britischer Schnelldampfer von 1936, liegt heute im Hafen von Long Beach, Kalifornien.

„United States", Passagierdampfer von 1952, ist die letzte Inhaberin des Blauen Bandes.

Die United States Lines, New York, ließen bei Newport News Shipbuilding and Drydock Co. in Virginia einen neuen Schnelldampfer für 2008 Passagiere bauen. Die „United States" war 301,76 Meter lang und wurde von vier Dampfturbinen, die auch in Flugzeugträgern Verwendung fanden, angetrieben. Ihre Maschinenleistung wurde lange geheim gehalten und beträgt 241 785 PS. Der Bau des Schiffs wurde von der Regierung gefördert, die es im Krieg als Truppentransporter hätte benutzen können.

Bei der Jungfernfahrt am 3. Juli 1952 errang „United States" mit einer Geschwindigkeit von 35,59 Knoten das Blaue Band, das ihr bislang kein Schiff streitig machen konnte.

1969 wurde „United States" aufgelegt, wechselte die Eigner, wurde über die Meere geschleppt, liegt heute in Philadelphia, gehört zu Star Cruises der Norwegian Cruise Line und wartet auf ihre Restaurierung, um als Kreuzfahrtschiff auf Fahrt zu gehen.

Bildnachweis

Horst Baerenz-Cao, Maler und archäologischer Zeichner, Offenbach am Main (8, 9); **Bibliothek für Zeitgeschichte in der Württembergischen Landesbibliothek**, Stuttgart (74, 86, 94, 116); **Blohm + Voss AG**, Hamburg (50, 51, 61, 90); **Siegfried Breyer, Sammlung Breyer**, Hanau (81, 88, 105); **CGN**, Lausanne (132); **Deutsches Schiffahrtsmuseum**, Bremerhaven (19, 20, 32, 35, 39, 40, 43, 45, 48, 59, 60, 66, 69, 76, 77, 78, 79, 82, 83, 89, 91, 98, 99, 102, 107, 108, 112, 113, 114, 117); **Klaus Dill**, Westernmaler (30); **Hans-Werner Dörich, Dampfmaschinenmuseum**, Hanau (139); **Genossenschaft Vaporama**, Thun (129); **Internationaler Verein Bodensee-Schifffahrt** (133); **Uwe Jarchow, Atelier Jarchow**, Bad Schwartau (12, 13, 17, 21); **LahreMedia GmbH**, Großostheim (10, 11); **Meyer Werft GmbH**, Papenburg (134); **Museum der Donauschifffahrt**, Regensburg (140); **Niederländisches Institut für Militärgeschichte, Ministerie van Defencie**, Den Haag (18, 28); **Picture-Alliance GmbH**, Frankfurt am Main (16, 63, 137 Joerg-Michael Dettmer); **Sächsische Dampfschiffahrts GmbH & Co.**, Dresden (122); **Schiffahrts- und Schiffbaumuseum**, Wörth am Main (96); **SGV**, Luzern (118, 128); **Günther Todt**, Marinemaler, Hamburg (4, 15, 34, 64, 73, 80, 85, 95, 97, 103, 106, 109, 115); **Eberhard Urban**, Offenbach am Main (123, 126, 130, 131, 135, 136, 138, 141).

Viele Bilder stammen aus verschiedenen privaten Sammlungen. Bei einigen Bildern konnten eventuelle Rechteinhaber nicht ermittelt werden. Diese bitten wir um entsprechende Nachricht an den Verlag.